建设工程监理规程应用指南

北京市建设监理协会　主编

中国建材工业出版社

图书在版编目（CIP）数据

建设工程监理规程应用指南/北京市建设监理协会
主编．--北京：中国建材工业出版社，2018.1（2018.3重印）
ISBN 978-7-5160-2135-4

Ⅰ.①建…　Ⅱ.①北…　Ⅲ.①建筑工程—监理工作—
指南　Ⅳ.①TU712.2-62

中国版本图书馆 CIP 数据核字（2017）第 320610 号

建设工程监理规程应用指南
北京市建设监理协会　主编

出版发行：中国建材工业出版社
地　　址：北京市海淀区三里河路 1 号
邮　　编：100044
经　　销：全国各地新华书店
印　　刷：北京鑫正大印刷有限公司
开　　本：787mm×1092mm　1/16
印　　张：12.5
字　　数：310 千字
版　　次：2018 年 1 月第 1 版
印　　次：2018 年 3 月第 2 次
定　　价：52.00 元

本社网址：www.jccbs.com　　微信公众号：zgjcgycbs
本书如出现印装质量问题，由我社市场营销部负责调换。联系电话：(010) 88386906

前　言

北京市地方标准《建设工程监理规程》DB11/T 382—2017（以下简称"规程"）历经四年时间的修订，经批准颁布，已于 2017 年 10 月 1 日起开始实施。北京市建设监理协会作为规程的主编单位，为了方便广大监理人员和相关专业人员准确理解规程、正确运用规程，专门组织规程的主要参编人员，编写了《建设工程监理规程应用指南》（以下简称"指南"）一书。

本指南共分为三部分。第一部分概述，主要包括规程的编制工作过程、规程的特点等内容。第二部分条文解析，主要包括规程条文、条文说明和条文解析内容。需要说明的是，由于规程编制时间跨度大，个别条文说明对条文的理解和解释，可能未能反映行业最新研究成果，阅读时应以条文解析为准。第三部分附录说明和填表说明，主要包括对规程附录 A 和附录 D 的说明，以及规程附录 B 和附录 C 监理用表的填表说明。

由于时间仓促和水平所限，书中错误在所难免，欢迎广大行业同仁提出宝贵意见。

编委会
2017 年 12 月

本书编委会

主编：李　伟

参编：陆　参　张红宇　冉建华　贾雨苗　杨丽萍

审定：张元勃　刘伊生　温　健

目　　录

第一部分　概述

第二部分　条文解析

第三部分　附录说明和填表说明

第一部分　概　　述

第一节　规程编制过程

《建设工程监理规程》是根据北京市质量技术监督局《关于印发 2013 年北京市地方标准制修订项目计划的通知》京质监标发 ［2013］ 136 号，由北京市建设监理协会、北京建工京精大房工程建设监理公司会同有关单位，对原北京市地方标准《建设工程安全监理规程》DB11/382—2006 进行修订，根据主编单位的建议和北京市住房城乡建设委批复，决定将《建设工程安全监理规程》DB11/382—2006 和《建设工程监理规程》DBJ 01-41-2002 合并进行修订，合并修订后的新版标准名称为《建设工程监理规程》（以下简称"规程"）。

本规程修订过程中，广泛征求了北京市监理单位、施工单位和建设单位的意见，在遵守相关法律法规、规章和规范性文件的基础上，与相关国家、行业和地方标准进行了协调，与北京市地方标准《建筑工程资料管理规程》DB11/T 695—2017 进行了重点沟通，内容和要求保持一致。

主要修订工作节点性事件如下：

1. 2012 年 8 月，主编单位开始筹备两个规程的修编工作，对两个旧规程的内容及实施情况进行调查研究。

2. 2012 年 10 月 30 日，主编单位填报《北京市地方标准制修订项目申报书》，申请立项修订。

3. 2013 年 4 月 17 日，北京市质量技术监督局批准立项（京质监标发 ［2013］ 136 号）。

4. 2013 年 5 月 10 日，主编单位起草完成《规程》修编计划，并向原《规程》编制单位、部分大中型施工单位、监理单位和相关部门征询意见。

5. 2013 年 6 月，主编单位与相关单位协商，邀请相关人员参与编制工作，初步拟定编制组建议名单。

6. 2013 年 7 月 7 日，主编单位召开编制组成立暨第一次工作会。由主编单位介绍了修订工作背景、任务来源、修订原则和内容，提出了标准编制计划、分组、各组分工和进度安排。

7. 2013 年 7 月至 10 月，各组调研，多次召开小组会议，讨论完成《规程》修订大纲初稿。

8. 2013 年 11 月至 2014 年 1 月，各组分别召开小组讨论会，按大纲编写正文及附录。

9. 2014 年 2 月，合稿，形成《规程》征求意见第一稿（初稿）。

10. 2014 年 2 月 27 日，编制组召开第二次工作会议，讨论通过《规程》征求意见第一稿。

11. 2014 年 3 月至 6 月，编制组学习新国标《建设工程监理规范》GB/T 50319—2013，并要求各组按新国标修正编写大纲。

12. 2014 年 6 月至 7 月，编制组学习新国标《建筑工程施工质量验收统一标准》GB 50300—2013，并要求各组按新国标继续修正编写大纲。

13. 2014 年 7 月 3 日，编制组召开第三次工作会，讨论通过各组修正的规程编写大纲。

14. 2014 年 7 月至 11 月，各组多次召开小组会议，按新大纲编写正文及附录。

15. 2014 年 12 月至 2015 年 2 月，合稿，形成《规程》征求意见第二稿（初稿）。

16. 2015 年 2 月 12 日，编制组召开第四次工作会议，修改、讨论，形成《规程》征求意见第二稿。

17. 2015 年 3 月 9 日，编制组召开第五次工作会，修改、讨论，形成征求意见稿第三稿。

18. 2015 年 4 月 17 日，编制组召开第六次工作会，修改、讨论，形成征求意见稿第四稿。

19. 2015 年 5 月 13 日，与《建筑工程施工组织设计管理规程》DB11/T 363 编制组召开协调会议，协调"技术交底"、"施工方案"和"安全专项施工方案"相关内容。

20. 2015 年 6 月 16 日，编制组召开部分成员会议，根据协调会内容修正规程征求意见稿第四稿，形成征求意见第五稿。

21. 2015 年 7 月 23 日，主编单位组织行业专家对第一小组的内容（总则、术语、启动、收尾及附录）进行讨论，提出修改意见。

22. 2015 年 9 月 8 日，主编单位组织行业专家对第二小组的内容（准备、两管、协调）进行讨论，提出修改意见。

23. 2015 年 11 月 20 日，主编单位组织行业专家对第三小组的内容（三控）进行讨论，提出修改意见。

24. 2015 年 12 月 7 日，主编单位组织行业专家对第四小组的内容（安全）进行讨论，提出修改意见。

25. 2016 年 1 月 14 日，主编单位组织行业专家对第五小组的内容（单位管理、咨询服务）进行讨论，提出修改意见。

26. 2016 年 2 月 26 日，编制组召开第七次工作会，修改、讨论，形成征求意见稿第六稿。

27. 2016 年 4 月 26 日，主编单位召开专家评议会，邀请多位业内专家对《规程》征求意见稿第六稿进行评议，深入讨论了"材料、构配件和设备"、"变更、索赔、费用支付（支付证书）"问题。

28. 2016 年 5 月 9 日，主编单位召开专家评议会，邀请多位业内专家对《规程》征求意见稿第六稿进行评议，深入讨论了"平行检验"、"竣工预验收、竣工移交证书"和规程中的表格。

29. 2016 年 5 月 16 日，编制组召开第八次工作会，编写《规程》征求意见稿条文说明、编制说明等。

30. 2016 年 5 月 17 日，编制组召开第九次工作会，完成《规程》征求意见稿条文说明、编制说明等。

31. 2016 年 7 月 18 日，完成《规程》征求意见稿第七稿。

32. 2016 年 8 月 19 日，主编单位召开本规程与《建筑工程资料管理规程》DB11/T 695 编制组协调会议，专题讨论"材料、构配件进场检验记录"（表 C4-44）与材料进场检验中"检验批质量验收记录"（表 C7-4）的关系等 4 项问题，并达成一致意见。

33. 2016 年 8 月 30 日，《规程》征求意见稿上传到协会网站，对公众进行征求意见。

34. 2016 年 9 月 1 日，邀请上海、重庆三位行业专家对征求意见稿进行函审。

35. 2016 年 9 月 21 日，主编单位召开本规程与《建筑工程资料管理规程》DB11/T 695 编制组协调会议，专题讨论"子分部验收是否保留"、"总监、项目经理执业印章是否统一要求"、"材料进场验收是否分二次进行报验"和"平行检验、巡视记录是否取消"4 项问题，并达成一致意见。

36. 2016 年 9 月 30 日，回收返回的意见表，对意见进行整理、汇总。

37. 2016 年 10 月 5 日—6 日，部分成员讨论征求意见回复意见，修改《规程》征求意见稿，形成《规程》行业主管部门预审稿。

38. 2016 年 10 月 9 日，召开《规程》行业预审会，通过行业审查。

39. 2016 年 10 月—12 月，根据行业预审会专家意见修改、完善规程，并与《建筑工程资料管理规程》DB11/T 695 编制组多次召开协调会议，协调统一相关表格内容。

40. 2017 年 2 月，形成《规程》送审稿。

41. 2017 年 5 月 5 日，召开《规程》终审会，通过规程终审。

42. 2017 年 5 月 8 日、10 日，根据终审会专家意见完善《规程》中"6 安全生产管理的监理工作"内容。

43. 2017 年 5 月 16 日、22 日，编制组对《规程》进行总体审查，形成《规程》报批稿。

44. 2017 年 5 月 26 日，向北京市质量技术监督局报送《规程》报批稿。

45. 2017 年 9 月 29 日，《规程》第一次校对。

46. 2017 年 11 月 7 日，《规程》第二次校对。

47. 2017 年 11 月 21 日，《规程》第三次校对。

48. 2017 年 11 月 22 日，《规程》终稿。

第二节 规程主要特点

《建设工程监理规程》的主要技术内容有：1 总则；2 术语；3 监理工作启动；4 工程质量控制；5 工程进度和造价控制；6 安全生产管理的监理工作；7 合同管理、信息管理与组织协调；8 监理单位对项目监理机构的管理；9 相关服务；10 监理工作收尾；附录 A：主要监理工作流程图；附录 B：监理工作用表；附录 C：监理文件资料组卷规则；附录 D：监理工作常用工具和仪器设备。本规程的附录为资料性附录。

规程主要特点如下：

1. 协调性

北京市监理协会作为主编单位，同时承担了修订北京市地方标准《建筑工程资料管理规程》DB11/T 695、《建筑工程施工组织设计管理规程》DB11/T 636 的任务，部分编制组成员同时担任多项地方标准的修编工作，本规程做到了与北京市相关地方标准的充分协调，使监理资料与施工资料在资料要求、表格形式、应用软件等方面完全通用，方便信息化管理的实行。

另外，本规程注重与上位管理标准的协调，遵守国家法律法规、标准的要求，同时符合《建设工程监理规范》GB 50319－2013 的相关规定。

2. 创造性

本规程行文参照了美国项目管理学会的《项目管理手册》"启动"和"收尾"的写法，增加了第三章"监理工作启动"和第十章"监理工作收尾"。根据监理单位应加强对项目监理机构管理的客观需要，增加了第八章"监理单位对项目监理机构的管理"。另外还增加了附录 A、附录 C 和附录 D 三个附录内容。

本规程结合本市项目以房屋建筑工程和市政公用工程为主的特点，增加了对于巡视、旁站、平行检验等监理工作方法的具体要求。

本规程针对本市监理从业人员具体情况，提出了各岗位监理人员签字权限的相关要求。

3. 可操作性

本规程注重对现场监理工作的指导，注重操作性，对于法律法规规定不明确的，进行了具有实际操作意义的细化。例如，按照住房城乡建设部关于旁站监理的规定，"混凝土浇筑"是规定的旁站"关键部位和关键工序"，此规定饱受行业诟病，基本流于形式，原因就在于，住房城乡建设部文件无法说清旁站的具体部位、时间要求等细节，不具备操作性，因而失去了执行力。对此，规程用 4.4.3 条中的四条规定代替了"混凝土浇筑"这一说法，即：每个工作班的第一车预拌混凝土卸料、入泵；每个工作班的第一车预拌混凝土的稠度测试；每个工作班的第一个混凝土构件的浇筑；每个楼层的第一个梁柱节点的钢筋隐蔽过程等。这种对"混凝土浇筑"旁站部位和时间节点的细化，有效解读了住房城乡建设部文件的规定，使该规定能够"落地"并可执行。

4. 可延续性

本规程在编制过程中为下一层级的团体标准制定预留了空间和可能性。由北京市建设监理协会主持编制的两项团体标准《工程监理资料管理标准化指南（房屋建筑工程）》TB 0101-201-2017 和《工程监理资料管理标准化指南（市政公用工程）》TB 0101-202-2017 也在同期编制完成，其他多项团体标准也在制定当中。国家法律法规主要定义了监理制度，说的是"监理是什么"，住房城乡建设部规章和规范规程主要解决了"监理做什么"的问题，团体标准细化到专业，主要应该立足于解决"监理工作怎么做"的问题，团体标准作为自愿性标准，是国家标准化体系改革的产物，是对国家法律法规和上位标准的补充。

第三节　规程其他说明

本规程由北京市住房和城乡建设委员会、北京市质量技术监督局共同负责管理，北京市住房和城乡建设委员会归口并组织实施，北京市建设监理协会负责具体内容的解释工作。

本规程主编单位是北京市建设监理协会和北京建工京精大房工程建设监理公司，参编单位包括北京双圆工程咨询监理有限公司、北京方圆工程监理有限公司、京兴国际工程管理有限公司、北京兴电国际工程管理有限公司和北京赛瑞斯国际工程咨询有限公司等22家单位。主要起草人李伟、张元勃、田成钢等30人。

本规程参编单位包括北京市住房城乡建设委、北京市质量监督总站、大型施工单位、高等院校等相关单位，编制过程中广泛征求了政府管理部门、建设单位、施工单位、监理单位，特别是广大一线监理人员的意见，通过长达四年的艰苦细致的工作，包括试应用，取得了较好的效果，能够起到引领北京市监理工作的作用。监理单位应以本规程为工作标准，确保履职尽责，充分发挥监理作用，为首都的工程建设事业做出应有的贡献。

第二部分 条文解析

1 总 则

1.0.1 ［条文］为规范北京市建设工程监理与相关服务行为，提高建设工程监理与相关服务水平，依据国家和北京市工程建设相关法律、法规和标准，制订本规程。

［条文解析］本条规定了本规程制定的目的和依据。

1.0.2 ［条文］本规程适用于北京市行政区域范围内开展建设工程监理与相关服务活动及监督管理。

［条文解析］本条规定了本规程的适应范围。

1.0.3 ［条文］实施建设工程监理应遵循下列主要依据：

1 国家和北京市有关工程建设的法律、法规、规章和标准。

2 经批准的工程项目文件和勘察设计文件。

3 建设工程监理合同、建设工程施工合同及其他合同文件。

［条文解析］本条规定了实施建设工程监理的依据，即：法律法规、技术标准、设计文件和相关合同文件。

项目监理机构应根据建设工程监理合同、建设工程施工合同等相关合同和设计文件要求，收集、准备与本工程相关的规范、标准和图集等，并做好清单。

1.0.4 ［条文］工程监理单位应公平、独立、诚信、科学地开展建设工程监理与相关服务活动。

［条文解析］本条规定了开展建设工程监理与相关服务活动应坚持的原则。

1.0.5 ［条文］建设工程监理工作实行总监理工程师负责制。

［条文解析］总监理工程师负责制的内涵是：总监理工程师代表监理单位履行法律法规规定的法定职责，承担建设工程监理合同约定的合同义务；领导和指挥项目监理机构的工作，对现场监理工作质量全面负责，承担工程质量终身责任。

1.0.6 ［条文］建设工程监理与相关服务活动，除应符合本规程外，尚应符合国家和北京市现行有关标准的规定。

［条文解析］本条为标准"通用"条款。国家现行有关标准主要是《建设工程监理规范》GB/T 50319—2013、《建筑工程施工质量验收标准》GB 50300—2013 等。

2 术 语

[条文说明] 本章中给出 18 个术语,是本标准有关章节中所引用的,是从本标准的角度赋予其含义,主要是说明术语所指的建设工程监理与相关服务内容的含义。

[条文解析] 本章中给出 18 个术语,与国家标准《建设工程监理规范》GB/T 50319—2013 基本保持一致,补充了必要的术语,并结合本市情况对个别术语进行了补充说明。

2.0.1 [条文]建设工程监理 Construction Project Management

工程监理单位受建设单位委托,根据法律法规、工程建设标准、勘察设计文件及合同,在施工阶段对建设工程质量、进度、造价进行控制,对合同、信息进行管理,对工程建设相关方的关系进行协调,并履行建设工程安全生产管理法定职责的服务活动。

[条文说明] 北京市建设行政管理部门及北京市质量技术监督局于 2006 年 9 月 14 日联合发布了北京市地方标准《建设工程安全监理规程》DB11/382—2006,该规程对本市建设工程监理单位落实安全生产监理责任起到了一定的指导作用。随着建设工程监理行业的发展,行业内对建设工程监理的定位有了更加清晰的认识,特别是在服务于建设单位和履行建设工程安全生产管理法定职责方面需要予以引导和规范。

[条文解析] 建设工程监理的概念主要包括四层含义:

1. 受建设单位委托。
2. 依据是法律法规、工程建设标准、勘察设计文件及相关合同。
3. 施工阶段的监理工作。
4. 主要任务是"三控、两管、协调、履职"。

2.0.2 [条文]相关服务 Related Services

工程监理单位受建设单位委托,按照建设工程监理合同约定,在建设工程勘察、设计、保修等阶段提供的服务活动。

[条文说明] 本条工程监理单位的相关服务是指受建设单位委托,按照建设工程监理合同的约定,为建设单位提供除施工阶段外的工程建设相关的服务活动。相关服务的范围可包括工程勘察、设计和保修阶段的工程管理服务工作,建设单位可委托其中一项、多项或全部服务,并支付相应的服务费用。

[条文解析] 相关服务概念的要点是:

1. 在建设工程监理合同中约定。
2. 可以包括勘察、设计、保修等阶段的相关服务活动。

不在建设工程监理合同中约定的咨询服务活动不构成相关服务。相关服务的概念和费用约定与建设工程监理合同示范文本以及关于监理取费的文件相一致。

2.0.3 [条文]项目监理机构 Department of Project Management

工程监理单位派驻工程项目施工现场负责履行建设工程监理合同的组织机构。

[条文解析] 项目监理机构是监理单位派出到施工现场履行建设工程监理合同的机构,根据项目的规模和特点,项目监理机构应由总监理工程师和若干名专业监理工程师、监理员组成。总监理工程师兼管其他项目时,原则上应设总监理工程师代表。项目监理机构根

据工作需要，可以采取直线式、矩阵式或直线矩阵式组织形式，可以根据监理工作岗位需要，由总监理工程师确定人员岗位职责分工。

2.0.4 ［条文］总监理工程师 Chief Project Management Engineer

由工程监理单位法定代表人书面任命，负责履行建设工程监理合同、主持项目监理机构工作的注册监理工程师。

［条文解析］总监理工程师必须由注册监理工程师担任。注册监理工程师是通过国家统一的执业资格考试并取得资格证书，经注册登记后获得注册监理工程师执业证书的人员。注册监理工程师的管理执行住房城乡建设部147号部令。总监理工程师是项目监理机构的最高领导者，负责全面履行建设工程监理合同。

2.0.5 ［条文］总监理工程师代表 Representative of Chief Project Management Engineer

经工程监理单位法定代表人同意，由总监理工程师书面授权，代表总监理工程师行使其部分职责和权力，具有工程类注册执业资格或具有中级及以上专业技术职称、3年及以上工程实践经验并经监理业务培训，具有考核合格证书的人员。

［条文说明］本条是对总监理工程师代表的任职规定。对于总监理工程师代表的岗位不要求必须是注册监理工程师，可以由建筑类其他注册人员担任，要求具有中级及以上专业技术职称、3年及以上工程实践经验，特别是需经过监理业务培训取得考核合格证书后方可上岗执业。

［条文解析］本条对于总监理工程师代表的任职条件、授权和职责做了原则性规定。当总监理工程师代表不是注册监理工程师时，其任职条件是：建筑类其他注册人员经过监理业务培训取得考核合格证书，或具有中级及以上专业技术职称、3年及以上工程实践经验，经过监理业务培训取得考核合格证书。

2.0.6 ［条文］专业监理工程师 Specialty Project Management Engineer

由总监理工程师授权，负责实施某一专业或某一岗位的监理工作，有相应监理文件签发权，具有工程类注册执业资格或具有中级及以上专业技术职称、2年及以上工程实践经验并经监理业务培训，具有考试合格证书的人员。

［条文说明］本条是对专业监理工程师的岗位规定。由于专业监理工程师具有签发权，所以首先要求具有与从事工作相关专业的知识和工作经验，因此对不具有工程类注册执业资格的人员提出了职称和工作经验的要求，并需经过监理业务培训取得考试合格证书后方可上岗执业。

［条文解析］本条规定了专业监理工程师的任职条件：具有工程类注册执业资格的人员经过监理业务培训取得考试合格证书方可上岗；具有中级及以上专业技术职称、2年及以上工程实践经验并经监理业务培训，具有考试合格证书的人员方可上岗。

2.0.7 ［条文］监理员 Site Supervisor

从事具体监理工作，具有中专及以上学历（或相当于中专及以上学历）并经过监理业务培训具有培训合格证书的人员。

［条文说明］本条是对监理员的岗位规定。由于监理员不具有材料使用和质量验收等的签发权，且人员需求量较大，所以不要求具有执业资格的注册人员承担，也没有职称和工程实践经验的要求，对其文化水平（学历）要求是具有中专及以上学历，或相当于中专及以上学历，我国中等专业学校或者职业高中的毕业生和普通高中毕业生均可视为具有同

等学历，具备担任监理员的学历资格，但必须经过监理业务培训，取得培训合格证书后方可上岗。

［条文解析］本条主要对监理员的上岗条件进行了规定，提出了业务培训的要求。

2.0.8 ［条文］监理规划 Project Management Planning

项目监理机构全面开展建设工程监理工作的指导性文件。

［条文解析］本条规定了监理规划的作用。

2.0.9 ［条文］监理实施细则 Detail Rules for Project Management

针对某一专业或某一项具体监理工作的操作性文件。

［条文解析］本条规定了监理实施细则的作用。

2.0.10 ［条文］巡视 Patrol Inspecting

项目监理机构对施工现场进行的定期或不定期的检查活动。

［条文说明］项目监理机构对施工现场的巡视是定期或不定期的检查或抽查活动，根据被巡视对象不同由总监理工程师确定。

［条文解析］本条规定了巡视的定义。

2.0.11 ［条文］旁站 Key Works Supervising

项目监理机构对工程的关键部位或关键工序的施工质量进行的监督活动。

［条文说明］旁站是项目监理机构对关键部位和关键工序的施工质量实施监理的方式之一。

［条文解析］本条规定了旁站的定义。

2.0.12 ［条文］平行检验 Parallel Testing

项目监理机构在施工单位自检的同时，按有关规定和建设工程监理合同约定对同一检验项目进行的检测试验活动。

［条文解析］本条规定了平行检验的定义。

2.0.13 ［条文］见证取样 Sampling Witness

项目监理机构对施工单位进行的涉及结构安全的试块、试件及工程材料现场取样、封样、送检工作的监督活动。

［条文解析］本条规定了见证取样的定义。

2.0.14 ［条文］工程计量 Engineering Measuring

根据工程设计文件及建设工程施工合同约定，项目监理机构对施工单位申报的合格工程的工程量进行的核验。

［条文解析］本条规定了工程计量的定义以及工作依据。

2.0.15 ［条文］工程延期 Construction Duration Extension

由于非施工单位原因造成的合同工期延长。

［条文解析］本条规定了工程延期的定义。

2.0.16 ［条文］工期延误 Delay of Construction Period

由于施工单位自身原因造成的施工工期延长。

［条文解析］本条规定了工期延误的定义。

2.0.17 ［条文］监理日志 Daily Record of Project Management

项目监理机构每日对建设工程监理工作及施工主要进展情况所做的记录。

[条文解析] 本条规定了监理日志的定义，监理日志不同于监理人员记录的监理日记，也不同于施工单位的施工日志，监理日志主要记载监理工作及施工主要进展情况。监理日志可以项目为单位进行记录，也可以分专业或分标段进行记录，由总监理工程师根据需要确定。

2.0.18 [条文] 监理月报　Monthly Report of Project Management

项目监理机构每月向建设单位提交的建设工程监理工作及建设工程实施等情况的分析总结报告。

[条文解析] 本条规定了监理月报的定义。

3　监理工作启动

3.1　一般规定

3.1.1　［条文］实施建设工程监理前，应订立书面形式的建设工程监理合同。建设单位将建设工程的勘察、设计、保修阶段等相关服务的一项或多项一并委托给该工程监理单位的，应在建设工程监理合同中明确相关服务的工作范围、内容、服务期限和酬金等相关条款。

［条文说明］建设工程监理合同宜采用现行《北京市建设工程监理合同》示范文本。建设单位在施工监理的基础上增加相关服务的，可以在建设工程监理合同中就有关内容加以明确。建设单位单独委托工程监理单位进行勘察、设计、保修阶段等相关服务的，应该单独签订服务合同。

［条文解析］本条对订立建设工程监理合同做出规定，并对委托相关服务的做出规定。

3.1.2　［条文］工程开工前，建设单位应将工程监理单位的名称，监理的范围、内容和权限及总监理工程师的姓名书面通知施工单位。

建设单位应按建设工程监理合同约定，向项目监理机构提供工作需要的办公、交通、通信及生活等设施。

［条文解析］本条对建设单位将监理单位相关信息书面通知施工单位，以及按建设工程监理合同约定提供工作条件进行了规定。

3.1.3　［条文］工程监理单位应按建设工程监理合同约定，在施工现场派驻项目监理机构，配备满足监理工作需要的检测工具和仪器设备。

监理工作常用工具和仪器设备见本规程附录 D。

［条文说明］工程监理单位签订建设工程监理合同后，应根据签订的合同，结合工程特点和有关规定，在项目监理机构入场前对项目监理机构进行交底，以使项目监理机构进一步了解合同的约定和管理要求。

为方便现场监理工作，本规程附录 D 给出了监理工作常用工具和仪器设备，可供监理单位参考、选择。

［条文解析］本条对监理单位派出项目监理机构和配备设备情况进行了规定。

3.1.4　［条文］项目监理机构应熟悉建设工程监理合同及建设工程施工合同，熟悉工程设计文件，掌握工程特点以及质量、技术等要求。

［条文解析］本条对项目监理机构应熟悉合同文件和设计文件等要求进行了规定。

3.1.5　［条文］项目监理机构应编制监理规划，明确项目监理机构的工作目标，确定具体的监理工作制度、内容、程序、方法和措施。

［条文解析］本条对监理规划的编制进行了原则性规定。

3.1.6　［条文］工程开工前，项目监理机构应参加由建设单位主持的第一次工地会议，会后根据建设单位要求整理会议纪要，与会各方代表会签。

［条文说明］第一次工地会议应由建设单位主持，在工程正式开工前进行。下列人员

参加：

1 建设单位驻现场代表及有关职能人员。

2 施工单位项目经理部经理及有关职能人员、分包单位主要负责人。

3 项目监理机构主要监理人员。

会议主要内容：

1 建设单位负责人宣布项目总监理工程师并向其授权。

2 建设单位负责人宣布施工单位及其驻现场代表（项目经理部经理）。

3 参会单位互相介绍各方组织机构、人员及其专业、职务分工。

4 施工单位项目经理汇报施工现场施工准备的情况及安全生产准备情况。

5 会议各方协商确定协调的方式，参加监理例会的人员、时间及安排。

6 其他事项。

7 会议纪要应由项目监理机构负责整理，与会各方代表会签。

［条文解析］本条明确了第一次工地会议的工作内容和要求。

3.1.7 ［条文］项目监理机构应参加建设单位主持的设计交底和图纸会审。设计交底和图纸会审记录由施工单位负责整理，项目监理机构应同建设单位、设计单位和施工单位共同签认。

［条文解析］本条对设计交底和图纸会审的程序做出了规定。

3.1.8 ［条文］项目监理机构应向施工单位进行监理交底，明确相关合同约定以及监理工作依据、内容、程序和方法，以及施工报审和资料管理的有关要求，并形成交底记录。监理交底在第一次工地会议上进行的，交底记录可记入会议纪要。

［条文说明］监理交底参加人员：施工单位项目经理及有关职能人员、分包单位主要负责人；监理机构总监理工程师及有关监理人员。由总监理工程师主持。

监理交底的主要内容如下：

1 明确适用的国家及本市发布的有关工程建设监理的政策、法令、法规。

2 阐明有关合同中约定的建设单位和施工单位的权利和义务。

3 介绍监理工作内容，监理工作的程序、方法和要求。

4 确定监理例会和安全等专业例会的时间和参会人员。

5 项目监理机构应编写会议纪要，并经与会各方会签后及时发出。

监理交底可以根据工程的特点、规模、复杂程度、进度、环境等因素分阶段、分专业进行，监理交底应形成文字记录。

［条文解析］本条对监理交底工作做出了规定。

3.1.9 ［条文］项目监理机构应审核施工单位报审的施工组织设计文件，核查施工单位现场质量、安全生产管理体系的建立情况。现场质量管理体系具体核查内容应符合《施工现场质量管理检查记录》的要求，并可根据施工现场的情况补充。

《施工现场质量管理检查记录》应符合本规程附录B中B.2.1的要求。

［条文说明］见《建筑工程施工质量验收统一标准》GB 50300—2013 附录A《施工现场质量管理检查记录》。

［条文解析］本条对按照《施工现场质量管理检查记录》的要求，核查施工单位现场质量、安全生产管理体系的建立情况，进行了规定。

3.1.10 ［条文］项目监理机构应核查开工条件，审查施工单位报送的开工报审资料，在《工程开工报审表》上签署意见，并签发《工程开工令》。

《工程开工报审表》应符合本规程附录 B 中 B.2.3 的要求，《工程开工令》应符合本规程附录 B 中 B.1.2 的要求。

［条文说明］工程开工前项目监理机构应核查主要内容：

1 政府主管部门已签发"北京市建设工程施工许可证"。

2 设计交底和图纸会审已完成。

3 施工组织设计已通过项目总监理工程师审核。

4 测量控制桩已查验合格。

5 企业资质和安全生产许可证，施工单位与分包单位的安全协议。施工单位项目经理部管理人员已到位，施工人员、施工设备已按计划进场，主要材料供应已落实。

6 施工现场道路、水、电、通讯等已达到开工条件。

7 对毗邻建筑物、构筑物和地下管线专项保护措施。

8 影响开工的其他条件。

9 项目监理机构审核确认具备开工条件时，由总监理工程师在施工单位报送的《工程开工报审表》上签署意见，并报建设单位同意后，由总监理工程师签发《工程开工令》。

［条文解析］本条对项目监理机构核查开工条件，签署《工程开工报审表》和签发《工程开工令》进行了规定。

3.2 项目监理机构

3.2.1 ［条文］工程监理单位应根据建设工程监理合同的约定以及工程特点、规模、技术复杂程度、工程环境等因素设立项目监理机构。

［条文说明］项目监理机构的建立应遵循适应、精简、高效的原则，要有利于建设工程监理目标控制和合同管理，要有利于建设工程监理职责的划分和监理人员的分工协作，要有利于建设工程监理的科学决策和信息沟通。

［条文解析］本条规定了项目监理机构的设置要求。

3.2.2 ［条文］项目监理机构的监理人员应由总监理工程师、专业监理工程师、监理员组成，且专业配套、数量满足建设工程监理工作需要，必要时可设总监理工程师代表。

［条文说明］项目监理机构的监理人员宜由一名总监理工程师、若干名专业监理工程师和监理员组成，且专业配套、数量应满足监理工作和建设工程监理合同对监理工作深度及建设工程监理目标控制的要求。

下列情形项目监理机构可设总监理工程师代表：

1 工程规模较大、专业较复杂，可按专业设总监理工程师代表。

2 一个建设工程监理合同中包含多个相对独立的建设工程施工合同，可按建设工程施工合同段设总监理工程师代表。

3 工程规模较大、地域比较分散，可按工程地域设总监理工程师代表。

除总监理工程师、专业监理工程师和监理员外，项目监理机构还可根据监理工作需要，配备文秘、翻译、司机和其他行政辅助人员。

项目监理机构人员配备应符合北京市相关规定，并应根据建设工程不同阶段的需要配备数量和专业满足要求的监理人员，有序安排相关监理人员进退场。

[条文解析] 本条规定了项目监理机构的岗位构成和要求。

3.2.3 [条文] 工程监理单位应及时将项目监理机构的组织形式、人员构成及对总监理工程师的任命书面通知建设单位。

《总监理工程师任命书》应符合本规程附录 B 中 B.1.1 的要求。

[条文解析] 本条规定了《总监理工程师任命书》的格式。监理人员构成一般在建设工程监理合同中明确。

3.2.4 [条文] 在实施监理过程中，主要监理人员宜保持稳定。工程监理单位调换总监理工程师时，应征得建设单位书面同意；调换专业监理工程师时，应书面通知建设单位。

[条文说明] 具备现场签字权的监理人员的调换应及时在监理例会上告知施工单位和相关单位，并记入会议纪要。

[条文解析] 本条规定了更换总监理工程师和专业监理工程师应履行的程序，更换总监理工程师应由监理单位事先征得建设单位同意。

3.2.5 [条文] 一名注册监理工程师宜担任一项建设工程监理合同的总监理工程师。当需要同时担任多项建设工程监理合同的总监理工程师时，应经建设单位同意，且最多不得超过三项。

国家和北京市重点工程、轨道交通工程和达到一定规模的保障房工程项目的总监理工程师不得兼任其他项目的总监理工程师。

[条文说明] 国家和北京市重点工程指的是历年国家和北京市住房城乡建设委官网公布的"重点工程建设目录"上的工程；达到一定规模的保障房工程项目应按照北京市建设主管部门的规定确定。

下列工程建设项目的总监理工程师不得兼任其他项目的总监理工程师：

1 国家或北京市重点工程项目。

2 城市轨道交通项目。

3 同期开工的超过 10 万平方米的公共建筑项目或投资超过 5 亿元的市政公用项目。

4 同期开工的超过 30 万平方米的住宅项目。

5 《建设工程监理合同》约定的其他项目。

[条文解析] 本条规定了一名注册监理工程师最多只能担任三个项目的总监理工程师，由于本市注册监理工程师数量约相当于实际开工项目数量的三分之一，故有此规定。但对于国家和北京市重点工程、轨道交通工程和达到一定规模的保障房工程等特殊项目，总监理工程师不得再另外兼管项目。

3.3 监理人员职责

3.3.1 [条文] 总监理工程师应履行下列职责：

1 确定项目监理机构人员及其岗位职责。

2 组织编制监理规划，审批监理实施细则。

3 根据工程进展及监理工作情况调配监理人员，检查监理人员工作。

4 主持监理例会。

5 组织审核分包单位资质。

6　组织审查施工组织设计、施工方案和专项施工方案。

7　审查工程开复工报审表，签发工程开工、暂停和复工指令。

8　组织检查施工单位现场质量、安全生产管理体系的建立及运行情况。

9　组织审核施工单位的付款申请，签发工程款支付证书，组织监理人员审核竣工结算。

10　组织审查和处理工程变更。

11　调解建设单位与施工单位的合同争议，处理工程索赔。

12　参加危险性较大的分部分项工程的论证会。

13　组织验收分部工程，组织审查单位工程质量检验资料。

14　审查施工单位的竣工申请和工程竣工报告，组织工程竣工预验收，组织编写工程质量评估报告，参与工程竣工验收。

15　参与或配合工程质量、安全事故的调查和处理。

16　组织编写监理月报、监理工作总结，组织整理监理文件资料。

［条文说明］总监理工程师作为项目监理机构负责人，监理工作中不得将包括参加工程项目竣工验收的等重要职责委托给总监理工程师代表。除本规定外，总监理工程师的职责还应认真落实本市主管部门的管理要求，如"安全质量测评平台"等规定的责任落实。

［条文解析］本条对总监理工程师的职责进行了规定。

3.3.2　［条文］总监理工程师代表应按总监理工程师的授权，行使总监理工程师的部分职责和权力。

总监理工程师不得将下列职责委托总监理工程师代表：

1　组织编制监理规划，审批监理实施细则。

2　根据工程进展及监理工作情况调配监理人员。

3　组织审查施工组织设计、施工方案和专项施工方案。

4　签发工程开工令、暂停令和复工令。

5　签发工程款支付证书，组织审核竣工结算。

6　调解建设单位与施工单位的合同争议，处理工程索赔。

7　参加危险性较大的分部分项工程的论证会。

8　组织验收分部工程。

9　审查施工单位的竣工申请和工程竣工报告，组织工程竣工预验收，组织编写工程质量评估报告，参与工程竣工验收。

10　参与或配合工程质量、安全事故的调查和处理。

［条文说明］总监理工程师应给予总监理工程师代表书面授权，书面授权应告知建设单位和施工单位。总监理工程师代表按授权范围和要求行使总监理工程师的部分职责和权力，但不得以总监理工程师名义开展项目总监理工程师不能委托的工作和其他未委托的工作。

［条文解析］本条用排除法对总监理工程师代表的职责进行了规定。

3.3.3　［条文］专业监理工程师应履行下列职责：

1　参与编制监理规划，负责编制本专业或本岗位监理实施细则。

2　审查施工单位提交的涉及本专业的报审文件，并向总监理工程师报告。

3 参与审核分包单位资质。

4 指导、检查监理员工作，定期向总监理工程师报告本专业监理工作实施情况。

5 检查进场的工程材料、构配件、设备的质量。

6 组织验收隐蔽工程、检验批、分项工程，参与验收分部、子分部工程。

7 巡视检查现场施工质量和安全文明施工情况。

8 处置发现的质量问题和安全事故隐患。

9 进行工程计量。

10 参与工程变更的审查和处理。

11 编写监理日志，参与编写监理月报。

12 收集、汇总、参与整理监理文件资料。

13 参与工程竣工预验收和竣工验收。

［条文说明］专业监理工程师职责为其基本职责，在建设工程监理实施过程中，项目监理机构还应针对建设工程实际情况，明确各岗位专业监理工程师的职责分工，编制监理实施细则，并根据实施情况进行必要的调整。

各岗位专业监理工程师指的是与监理工作岗位相关的且满足有关任职条件的监理人员，如安全、土建、给排水、通风空调、电气、自动化、市政、园林等岗位专业监理工程师。

［条文解析］本条对专业监理工程师的职责进行了规定。

3.3.4 ［条文］监理员应履行下列职责：

1 根据分工或指派，参与巡视检查现场施工质量和安全文明施工情况。

2 根据旁站方案的要求，实施旁站，填写并签署旁站记录。

3 根据检测试验计划和见证计划，实施见证取样，填写并签署见证记录。

4 检查施工单位投入工程项目的人力、主要设备的使用及运行情况。

5 复核工程计量有关数据。

6 检查重要工序施工结果。

7 发现施工作业中的质量和安全问题及时指出，并向专业监理工程师报告。

［条文说明］监理员职责为其基本职责，在建设工程监理实施过程中，项目监理机构还应针对建设工程实际情况，明确各岗位监理员的职责分工。监理员应在专业监理工程师的领导下开展相应工作。

［条文解析］本条对监理员的职责进行了规定。

3.3.5 ［条文］总监理工程师应在下列文件资料中签署意见：

1 监理规划、监理实施细则。

2 工程开工令、工程暂停令、工程复工令。

3 监理通知单、监理报告、工程款支付证书、见证人告知书。

4 施工现场质量管理检查记录；施工组织设计/（专项）施工方案报审表；工程开工报审表；施工进度计划报审表；工程复工报审表；工程临时/最终延期报审表；分包单位资质报审表；工程变更费用报审表；费用索赔报审表；监理通知回复单；分部工程质量验收报验表；单位工程竣工验收报审表。

5 工程竣工报告、单位工程质量评估报告、监理工作总结。

6 总监理工程师应签署的其他工程资料。

[条文解析]本条对于应由总监理工程师签署意见的监理资料进行了规定。由于工程的复杂性和不同项目的管理要求可能有所不同，故在有些情况下允许对上述要求加以合理调整。

3.3.6 [条文]总监理工程师代表可以在总监理工程师授权范围内的文件资料中代理总监理工程师签署意见。

[条文解析]本条对总监理工程师代表可以签署意见的监理资料进行了原则性规定。

3.3.7 [条文]专业监理工程师应在下列文件资料中签署意见：

1 监理通知单。

2 施工组织设计/（专项）施工方案报审表；施工进度计划报审表；分包单位资质报审表；工程变更费用报审表；工程款支付报审表；监理通知回复单；工程定位测量记录；材料、构配件进场检验记录；设备开箱检验记录；隐蔽工程、检验批、分项工程质量验收记录。

3 平行检验记录。

4 专业监理工程师应签署的其他工程资料。

[条文解析]本条对应由专业监理工程师签署意见的监理资料进行了规定。由于工程的复杂性和不同项目的管理要求可能有所不同，故在有些情况下允许对上述要求加以合理调整。

3.3.8 [条文]监理员可在下列资料中签署意见：

1 旁站记录。

2 材料见证记录。

3 实体检验见证记录。

4 项目监理机构明确的其他应签署的工程资料。

[条文解析]本条对监理员可以签署意见的监理资料进行了规定。

一段时期来，有些工程项目鉴于"监理员没有签字权"的规定，对监理员签署的旁站、见证等记录实行了所谓"双签"，即在监理员签字后再由具有签字权的专业监理工程师签字，被称之为"双签"。实际上这种做法是对签字权和批准权的混淆和误解，并且带来了不良后果。对于监理员进行的监理活动，应当而且必须由其在记录上签署，而"双签"则带来了"了解真实情况的监理人员不负责，签字人不了解真实情况"的后果，降低了工作人员的责任心，也淡化并难以区分参与者和签字人应负的责任。

3.4 监理规划

3.4.1 [条文]监理规划应在签订建设工程监理合同及收到建设工程施工合同、工程设计文件后由总监理工程师组织专业监理工程师编制。

[条文说明]监理规划应针对建设工程实际情况进行编制，应在签订建设工程监理合同及收到工程设计文件后开始编制。此外，还应结合施工组织设计、施工图审查意见等文件资料进行编制。一个监理项目应编制一个监理规划。当不完全具备编制完整监理规划的条件时，可分阶段编制。

[条文解析]本条对于监理规划的编制时间和编制主体进行了规定。

3.4.2 ［条文］监理规划的编制应符合下列要求：

1 监理规划的内容应有针对性，做到目标明确、职责分工清楚、措施有效。

2 对技术复杂、专业性较强、危险性较大的分部分项工程，应在监理规划中制定监理实施细则的编制计划。

［条文说明］监理规划是在项目监理机构详细调查和充分研究建设工程的目标、技术、管理、环境以及工程参建各方等情况后制定的指导建设工程监理工作的实施方案，监理规划应起到指导项目监理机构实施建设工程监理工作的作用，因此，监理规划中应有明确、具体、切合工程实际的监理工作内容、程序、方法和措施，并制定完善的监理工作制度。

［条文解析］本条对监理规划的编制要求进行了规定，并规定了监理规划应包含监理实施细则的编制计划。

3.4.3 ［条文］监理规划应经总监理工程师签字后由工程监理单位技术负责人审核批准，在建设工程监理合同约定时间内报送建设单位。

［条文说明］监理规划应在第一次工地会议召开之前完成工程监理单位内部审核后报送建设单位。

监理规划作为工程监理单位的技术文件，应经过工程监理单位技术负责人的审核批准，并在工程监理单位存档。

［条文解析］本条对监理规划的审批进行了规定。

3.4.4 ［条文］监理规划一般包括下列主要内容：

1 工程概况。

2 监理工作范围、内容、目标。

3 监理工作依据。

4 项目监理组织机构、人员配备及进退场计划、监理人员岗位职责。

5 监理工作制度。

6 工程质量控制。

7 工程造价控制。

8 工程进度控制。

9 安全生产管理的监理工作。

10 合同与信息管理。

11 组织协调。

12 监理工作设施。

13 监理实施细则的编制计划。

［条文说明］建设单位在委托建设工程监理时一并委托相关服务的，可将相关服务工作计划纳入监理规划。

旁站方案、见证计划等可在工程质量控制一章中单独设节，也可以单独设章。

［条文解析］本条对监理规划的主要内容进行了规定。

3.4.5 ［条文］在实施建设工程监理过程中，实际情况或条件发生变化而需要调整监理规划时，应由总监理工程师组织专业监理工程师修订，并按原报审程序经工程监理单位技术负责人批准后报建设单位。

［条文说明］在监理工作实施过程中，建设工程的实施可能会发生较大变化，如设计

方案重大修改、施工方式发生变化、工期和质量要求发生重大变化，或者当原监理规划所确定的程序、方法、措施和制度等需要作重大调整时，总监理工程师应及时组织专业监理工程师修改监理规划，并按原报审程序审核批准后报建设单位。

[条文解析] 本条规定了调整监理规划的程序。

3.5 监理实施细则

3.5.1 [条文] 对技术复杂、专业性较强、危险性较大的分部分项工程，项目监理机构应按照监理规划的要求编制监理实施细则。

[条文说明] 监理实施细则是指导项目监理机构具体开展专项监理工作的操作性文件，应体现项目监理机构对于建设工程在专业技术、目标控制方面的工作要点、方法和措施，做到详细、具体、明确。

项目监理机构应结合工程特点、施工环境、施工工艺等编制监理实施细则，明确监理工作要点、监理工作流程和监理工作方法及措施，达到规范和指导监理工作的目的。

对工程规模较小、技术较简单且有成熟管理经验和措施的，可不必编制监理实施细则。

[条文解析] 本条规定了需编制监理实施细则的项目类型。

3.5.2 [条文] 监理实施细则应在相应工程施工开始前由专业监理工程师编制，并应经总监理工程师审批。

[条文解析] 本条规定了监理实施细则的编制时间和编制审批程序。

3.5.3 [条文] 编制监理实施细则的依据包括下列主要内容：

1 工程建设标准和工程设计文件。

2 监理规划。

3 施工组织设计、施工方案和专项施工方案。

[条文解析] 本条规定了监理实施细则的编制依据。

3.5.4 [条文] 监理实施细则应包括下列主要内容：

1 专业工程特点。

2 监理工作流程。

3 监理工作要点。

4 监理工作方法及措施。

[条文说明] 监理实施细则可根据建设工程实际情况及项目监理机构工作需要增加其他内容。

[条文解析] 本条规定了监理实施细则的主要内容。

3.5.5 [条文] 在监理工作实施过程中，监理实施细则应根据实际情况进行补充、修订，并应经总监理工程师批准后实施。

[条文说明] 当工程发生变化导致原监理实施细则所确定的工作流程、方法和措施需要调整时，专业监理工程师应对监理实施细则进行补充、修改，并应经总监理工程师批准后实施。

[条文解析] 本条规定了监理实施细则的补充修订程序。

4 工程质量控制

4.1 一般规定

4.1.1 ［条文］项目监理机构应根据建设工程监理合同约定，坚持预控、过程控制和质量验收相结合的原则，制定和实施相应的监理措施，采用旁站、巡视和平行检验等方式对建设工程实施监理。

［条文说明］项目监理机构应掌握下列施工阶段质量控制的依据：

1 国家和北京市有关工程质量的法律、法规和规范性文件。

2 建设工程施工合同中有关工程质量的约定。

3 建设工程监理合同中有关质量控制的约定。

4 工程勘察及设计文件。

5 国家、行业和北京市与本项目相关的施工及施工质量验收的标准等。

［条文解析］建设工程监理合同是项目监理机构质量控制工作的重要依据，应特别重视在建设工程监理合同中约定的监理工作具体内容和范围以及建设单位在工程质量标准、质量控制程序等方面的特殊要求。

"坚持预控、过程控制和质量验收相结合的原则"也就是"事前控制、事中控制和事后控制相结合的原则"。项目监理机构的质量控制工作应高度重视预控的原则，主要的预控措施有：

1. 核查承包单位的质量管理体系；

2. 审查分包单位和试验室的资质；

3. 查验承包单位的测量放线；

4. 查验材料、构配件、设备的报验；

5. 检查进场的主要施工设备；

6. 审查主要分部（分项）工程施工方案。

过程控制主要是对施工现场有目的地进行巡视、旁站和平行检验，以及验收隐蔽工程。

4.1.2 ［条文］项目监理机构应根据工程特点、参建各方情况、工程设计文件、建设工程施工合同及经批准的施工组织设计和施工方案，对工程质量进行风险分析，确定工程质量控制的难点和重点并制定对策，实施主动控制和重点控制。

［条文说明］确定工程质量控制的难点和重点后，应在相应的监理细则中明确工作实施措施。

［条文解析］工程质量风险按照建设阶段、发生的原因、产生的后果等，可以有不同的分类和表现形式。

按工程建设阶段分析，质量风险主要来自：因勘察工作失误、设计错误或疏漏、施工过程质量控制不严、工程完工后维修工作难以实施等造成的质量风险。

按质量风险产生的后果分析，质量风险主要包括：

1. 影响建筑安全的质量风险。如：因地基沉降不均、沉降超出允许范围或地基承载力不够等造成的结构开裂、倾斜甚至倒塌；因设计、施工质量问题造成的结构及构件承载力不够、变形过大造成的结构破坏等安全风险、因机电设备安装质量问题和隐患造成的人身、消防等质量安全风险。

2. 影响使用功能的质量风险。如：墙面裂缝、管道堵塞、跑冒滴漏、机电系统功能达不到设计要求等。

3. 影响环境及健康的质量风险。如：建筑材料所含的有害成分超标、致使室内环境达不到规定要求；质量事故对周边环境产生恶劣影响等。

4.1.3 ［条文］项目监理机构应对用于工程的材料、构配件和设备进行进场检查验收，其质量必须符合工程建设标准、设计文件要求和合同约定。

［条文说明］施工单位要按工程建设标准、施工图设计文件和合同约定的要求，对工程上使用的材料、构配件和设备应进行检验，检验工作应按规定范围和要求进行，按现行的标准、规定明确的数量、频率、取样方法进行检验，未经检验或检验不合格的，不得使用。对实施监理的建设工程，检验的结果还要按规定报工程监理单位审查，未经审查或者审查不合格的，不得使用。

［条文解析］这里的工程建设标准，是指材料、构配件和设备所应用的工程所适用的施工质量验收规范和规程；当没有相应施工质量验收规范或规程时，是指所适用的技术规范或规程，以及前述两类规范或规程中指向的产品标准。

1. 这里的设计文件，是指经审查合格的施工图设计文件，以及相关的设计变更文件。

2. 这里的合同，主要是指建设工程施工合同，以及材料、构配件和设备的采购合同。

4.1.4 ［条文］项目监理机构应对施工质量进行检查验收，其质量必须符合工程建设标准、设计文件要求和合同约定。

［条文说明］实行监理的建设工程，施工单位完成的隐蔽工程、检验批、分项工程、分部工程经自检合格后均应向工程监理单位报验。项目监理机构应按规定对施工单位报验的隐蔽工程、检验批、分项工程、分部工程及相关文件和资料进行审查和验收，符合要求的，签署验收意见。

［条文解析］《建筑工程施工质量验收统一标准》GB 50300—2013中第2.0.7条规定，验收是建筑工程质量在施工单位自行检查合格的基础上，由工程质量验收责任方组织，工程建设相关单位参加，对检验批、分项、分部、单位工程及其隐蔽工程的质量进行抽样检验，对技术文件进行审核，并根据设计文件和相关标准以书面形式对工程质量是否达到合格做出确认。

也就是说，工程施工质量验收主要包括：检验批验收、分项工程验收、分部工程验收、单位工程验收及隐蔽工程验收。

4.1.5 ［条文］项目监理机构应及时审查、签认工程质量控制资料。工程质量控制资料应齐全、完整，真实反映工程质量的实际情况，并与工程进度同步形成。

［条文说明］工程施工时要确保质量控制资料齐全完整，项目监理机构应及时审查、签认质量控制资料。

［条文解析］项目监理机构应合理确定审查、签认工程质量控制资料的周期，并要求施工单位及时报审报验。工程质量控制资料的具体内容详见《建筑工程施工质量验收统一

标准》GB 50300—2013 附录 H 或《建筑工程资料管理规程》DB11/T 695—2017 附录 D 中"单位工程质量控制资料核查记录"所列的资料内容。

工程质量控制资料与工程进度不同步是很多项目的通病，没有工程质量控制资料或资料不全，就无法证明相应的工程质量是否合格。在工程质量控制资料或资料不全的情况下，如果项目监理机构允许或默许施工单位进行下道工序，是违反监理程序的，将置监理单位于风险中。

所以，项目监理机构应该严肃工程质量控制资料的管理，没有工程质量控制资料或资料不全，坚决不允许施工单位进行下道工序。对于因试验周期长可能导致的资料滞后，不提倡以非正式的报告或查询告知的方式代替正式试验报告，项目监理机构应严格审核施工试验检测计划的可行性，在施工过程中及时提醒施工单位充分考虑有关试验的周期，不能以降低监理工作标准的代价为施工单位的怠惰买单。

4.2 施工前质量控制

4.2.1 ［条文］监理人员应熟悉工程设计文件、相关技术标准及规范、相关合同，掌握工程质量控制的相关要求。

［条文解析］在工程实施前，总监理工程师应根据职责分工，要求监理人员熟悉相应的工程设计文件、相关技术标准及规范、相关合同，掌握工程质量控制的相关要求。

工程设计文件、相关合同原则上应由建设单位提供，总监理工程师负责落实。对于经设计单位确认的深化设计文件、分包合同也可由施工单位提供，由相应的专业监理工程师负责落实。

相关技术标准及规范由监理单位自行解决，应由专业监理工程师提出需求，由总监理工程师负责协调公司总部解决。

对于工程质量控制，监理人员应综合考虑工程设计文件、相关技术标准及规范、相关合同的要求。其中，工程设计文件、相关合同明确的是项目的个性化要求，而相关技术标准及规范明确的是共性的基本要求，项目的个性化要求不得低于相关技术标准及规范明确的基本要求。

4.2.2 ［条文］项目监理机构应审查施工组织设计，符合要求的，签认《施工组织设计/（专项）施工方案报审表》后报建设单位。

《施工组织设计/（专项）施工方案报审表》应符合本规程附录 B 中 B.2.2 的要求。

［条文说明］施工组织设计审查包括下列基本内容：

1 编审程序符合相关规定。

2 施工进度、施工方案及工程质量保证措施符合建设工程施工合同要求。

3 资金、劳动力、材料、设备等资源供应计划满足工程施工需要。

4 安全技术措施应符合工程建设强制性标准。

5 施工总平面布置应科学合理。

施工组织设计应包括下列内容：

1 编制依据。

2 工程概况。

3 施工部署。

4 施工准备。

5 主要施工方法。

6 主要施工管理措施。

7 主要经济技术指标。

8 施工现场平面布置。

[条文解析] 项目监理机构对施工组织设计的审查，应符合《建筑工程施工组织设计管理规程》DB11/T 363—2016 及《建筑工程资料管理规程》DB11/T 695—2017 的相关要求：

1. 施工组织设计的编制与审批应符合下列规定：

1）群体工程或特大型项目应编制施工组织总设计，并应在开工前完成编制和审批。

2）应由施工单位项目负责人主持编制，项目技术负责人组织编写。

3）应由施工单位技术负责人审批。

4）应报项目监理机构总监理工程师审批。

2. 施工部署应包括：部署原则；项目管理机构设置；质量、安全和绿色施工管理体系建立；工程重点、难点分析；主要施工方法；施工区域及任务划分；"四新"技术应用计划等内容。其中：

1）部署原则应结合工程项目特点，阐述建设单位或承包单位在该项目实施过程中实现其预期目标的主导思想。

2）项目管理机构设置应包括总承包单位在本项目的主要负责人姓名、职务、职称，部门设置及职责宜以框图的形式加以说明。

3）质量、安全和绿色施工管理体系应明确该管理体系负责人及主要组成人员岗位、职责，宜以框图的形式加以说明。

4）工程重点、难点应根据工程的具体情况分析确定，并提出针对性措施。

5）主要施工方法应对项目涉及的单位工程、主要分部工程所采用的施工方法进行简要说明。

6）施工区域及任务划分应根据发包范围，对各施工单位的区域及任务划分进行描述，并在施工总平面图中标注。

7）"四新"技术应用计划，应对工程施工中采用的新技术、新工艺、新材料、新设备提出使用及管理要求。

3. 施工组织设计的编制与审批应符合下列规定：

1）群体工程或特大型项目应编制施工组织总设计，并应在开工前完成编制和审批。

2）应由施工单位项目负责人主持编制，项目技术负责人组织编写。

3）应由施工单位技术负责人审批。

4）应报项目监理机构总监理工程师审批。

另外，《北京市建设工程质量条例》第八条明确："建设单位依法对建设工程质量负责。建设单位应当落实法律法规规定的建设单位责任，建立工程质量责任制，对建设工程各阶段实施质量管理，督促建设工程有关单位和人员落实质量责任，处理建设过程和保修阶段建设工程质量缺陷和事故。"而施工组织设计是项目施工的纲领性文件，建设单位理应知悉，所以项目监理机构应将经审批的施工组织设计报建设单位。

4.2.3 ［条文］分包工程开工前，项目监理机构应审核施工单位报送的《分包单位资质报审表》，专业监理工程师提出审查意见后，应由总监理工程师审核签认。

下列内容经审查符合要求后，分包单位方可进场施工：

1 营业执照、企业资质等级证书。

2 安全生产许可文件。

3 类似工程业绩。

4 中标通知书。

5 分包单位项目负责人的授权书。

6 专职管理人员和特种作业人员的资格。

7 分包单位与施工单位签订的安全生产管理协议。

《分包单位资质报审表》应符合本规程附录 B 中 B.2.7 的要求。

［条文解析］《房屋建筑和市政基础设施工程施工分包管理办法》（中华人民共和国建设部令第 124 号）第四、五条中，对施工分包作出了明确规定：

施工分包，是指建筑业企业将其所承包的房屋建筑和市政基础设施工程中的专业工程或者劳务作业发包给其他建筑业企业完成的活动。施工分包分为专业工程分包和劳务作业分包。专业工程分包，是指施工总承包企业将其所承包工程中的专业工程发包给具有相应资质的其他建筑业企业完成的活动。劳务作业分包，是指施工总承包企业或者专业承包企业将其承包工程中的劳务作业发包给劳务分包企业完成的活动。

项目监理机构对于分包单位的管理实际上分为两阶段：

1. 同意选用阶段，是事前控制。在分包单位选定之前，通过对施工单位提供的各待选单位资料的审核、（必要时）现场考察等方式，判断各待选单位是否符合参与本工程的基本要求，符合要求的，项目监理机构应同意施工单位选用，之后，施工单位可按要求正式进行选定分包单位的资质审核工作。

2. 准许进场阶段，是事后控制。在分包单位选定之后、进场之前，项目监理机构对施工单位报审的分包单位资料的审核、签认，符合正式报审要求的，项目监理机构应准许该分包单位进场。

4.2.4 ［条文］总监理工程师应组织专业监理工程师审查施工单位报审的施工方案，对符合要求的签认《施工组织设计/（专项）施工方案报审表》。

施工方案审查包括下列基本内容：

1 编审程序符合相关规定。

2 工程质量保证措施符合相关标准的规定。

3 符合施工组织设计要求，并具有针对性和可操作性。

［条文解析］根据《建筑工程施工组织设计管理规程》DB11/T 363—2016 的定义，施工方案是以分部、分项工程或以某项施工内容为对象编制的，用以具体指导其施工过程的施工技术与组织方案。

应在分部、分项工程或专项施工内容施工前，完成施工方案的编制和审批；施工方案应由施工单位项目技术负责人组织编制并审批；重要、复杂、特殊的分部、分项工程，其施工方案应由施工单位技术负责人或其授权人审批。

专业分包工程的施工方案应由专业分包单位的项目负责人主持编制，由专业分包单位技术负责人审批，加盖分包单位印章后报总承包单位项目技术责人审核确认。

施工方案应包括下列内容：

1. 编制依据。

2. 施工部位概况与分析。

3. 施工安排。

4. 施工准备。

5. 施工工艺要求。

6. 质量要求。

7. 季节性施工措施。

8. 其他要求。

施工部位概况与分析应重点描述与施工方案有关的内容和主要参数，对该施工部位的特点、重点和难点进行分析。施工安排应明确施工管理人员及职责分工，施工顺序及施工流水段划分，质量和工期要求，劳动力配置计划及物资配置计划。施工准备应包括技术准备、现场准备、材料准备、试验检验工作准备等内容。施工工艺要求应明确分部、分项工程或专项工程施工工艺流程、施工操作方法及质量检验标准，对施工重点提出施工措施及技术要求。质量要求应明确质量标准及检查、验收方法。

4.2.5　［条文］总监理工程师应组织专业监理工程师审核施工单位制定的分项工程和检验批划分方案。

［条文说明］相关专业验收规范未涵盖的分项工程和检验批，可由建设单位组织监理、施工等单位在施工前根据工程具体情况协商确定。

［条文解析］施工前，应由施工单位制定分项工程和检验批的划分方案，总监理工程师组织专业监理工程师审核。

分项工程可按主要工种、材料、施工工艺、设备类别进行划分；检验批可根据施工、质量控制和专业验收的需要，按工程量、楼层、施工段、变形缝进行划分。

多层及高层建筑的分项工程可按楼层或施工段来划分检验批，单层建筑的分项工程可按变形缝等划分检验批；地基基础的分项工程一般划分为一个检验批，有地下层的基础工程可按不同地下层划分检验批；屋面工程的分项工程可按不同楼层屋面划分为不同的检验批；其他分部工程中的分项工程，一般按楼层划分检验批；对于工程量较少的分项工程可划分为一个检验批。室外工程一般划分为一个检验批。散水、台阶、明沟等含在地面检验批中。

检验批划分要有助于及时发现和处理施工中的质量问题，也应符合施工组织的实际需要。

随着新材料、新工艺、新体系、新功能的应用，会出现一些新的验收项目，对于《建筑工程施工质量验收统一标准》GB 50300—2013 附录 B 及相关专业验收规范未涵盖的分项工程和检验批，可由建设单位组织监理、施工等单位根据工程具体情况协商确定，但仍应遵守《建筑工程施工质量验收统一标准》GB 50300—2013 的相关原则规定，并可据此整理施工技术资料和进行验收。

4.2.6　［条文］总监理工程师应组织专业监理工程师审查施工单位报送的新材料、新工艺、新技术和新设备的质量认证材料和相关验收标准的适用性，必要时应要求组织专题论证。

［条文说明］对施工单位报送的新材料、新工艺、新技术和新设备，总监理工程师应组织专业监理工程师审查，必要时应要求按照相关规定组织专题论证。

对国家、行业、地方标准没有具体验收要求的分项工程和检验批，可由建设单位组织制定专项验收要求，专项验收要求应符合设计意图，包括分项工程和检验批的划分、抽样方案、验收方法、判定指标等内容，监理、设计、施工等单位可参与制定。

［条文解析］新材料、新工艺、新技术和新设备是国内或本地区第一次采用，或者很少采用、经验不足、统计数据尚不充分的材料、工艺、技术和设备。

专题论证的范围应包括：对工程质量保证的程度、对工程结构及使用功能的影响、施工的难易程度及质量保证措施的可靠性、工程造价以及对工期目标的影响等。参加专题论证会议的方面，应包括建设单位代表、施工单位相关人员和总监理工程师等项目监理人员，必要时应请设计单位代表、行业专家等参加。

1. 对于新材料、新产品，项目监理机构应审查施工单位报送的经有关部门鉴定、确认的证明文件。

2. 对于进口材料、构配件和设备，项目监理机构应审查施工单位报送的进口商检证明文件。

3. 对于新工艺、新技术，项目监理机构应审查施工单位报送的相应工法文件、工艺措施及质量保证措施。

4.2.7 ［条文］项目监理机构提出检查要求的重要工序，应编制检查计划，并书面告知施工单位。在施工到该工序时进行检查，合格后准许下道工序施工。

［条文说明］根据目前的验收要求，工程监理单位对工程质量的验收控制到检验批和隐蔽工程，对工序的质量一般由施工单位通过自检予以控制，但为保证工程质量，《建筑工程施工质量验收统一标准》GB 50300规定，对于监理单位提出检查要求的重要工序，应经监理工程师检查认可，才能进行下道工序施工。

［条文解析］对于重要工序的检查，通常是针对"特殊过程"或"特殊工艺"的情形，项目监理机构可以根据质量控制对象的重要程度和监督控制要求的不同，设置不同的"停止点"。

凡列为"停止点"的重要工序，要求施工单位必须在规定的"停止点"到来之前通知项目监理机构，经专业监理工程师检查认可后，才能进行下道工序施工。

4.2.8 ［条文］项目监理机构应审查施工单位的检测试验计划，编制见证计划。

［条文说明］见证计划应符合相关工程建设标准和北京市的相关规定，其范围应包含：用于工程的材料、构配件和设备按规定的见证取样送检；施工过程中各种试件按规定的见证取样送检；各项性能试验及工程实体质量检测按规定的见证等。

分阶段：如建筑工程可分基础、主体结构、装饰和设备安装三个阶段。

施工过程中，发现见证计划有误的，应及时动态调整。

［条文解析］见证计划应在施工单位编制施工试验计划审核后、相应项目实施见证前编制完成。见证计划由专业监理工程师编制，总监理工程师审批，并应包含项目概况、见证依据、见证人员、见证程序和见证项目计划等主要内容。

见证项目计划内容中，对于工程的材料、构配件和设备按规定的见证取样送检，以及施工过程中各种试件按规定的见证取样送检，应主要按照《北京市建设工程见证取样和送检管理规定（试行）》京建质［2009］289号文件规定执行，对涉及结构安全的试块、试件和材料应100％实行见证取样和送检：

1. 用于承重结构的混凝土试块。

2. 用于承重墙体的砌筑砂浆试块。

3. 用于承重结构的钢筋及连接接头试件。

4. 用于承重墙的砖和混凝土小型砌块。

5. 用于拌制混凝土和砌筑砂浆的水泥。

6. 用于承重结构的混凝土中使用的掺合料和外加剂。

7. 防水材料。

8. 预应力钢绞线、锚夹具。

9. 沥青、沥青混合料。

10. 道路工程用无机结合料稳定材料。

11. 建筑外窗。

12. 建筑节能工程用保温材料、绝热材料、粘结材料、增强网、幕墙玻璃、隔热型材、散热器、风机盘管机组、低压配电系统选择的电缆、电线等。

13. 钢结构工程用钢材及焊接材料、高强度螺栓预拉力、扭矩系数、摩擦面抗滑移系数和网架节点承载力试验。

14. 国家及地方标准、规范规定的其他见证检验项目。

对于各项性能试验及工程实体质量检测按规定进行的见证，主要应遵循相关施工质量验收规范或规程的规定。例如对于混凝土的结构实体检验，在《混凝土结构工程施工质量验收规范》GB 50204—2015中第10.1.1条规定：

对涉及混凝土结构安全的有代表性的部位应进行结构实体检验。结构实体检验应包括混凝土强度、钢筋保护层厚度、结构位置与尺寸偏差以及合同约定的项目；必要时可检验其他项目。结构实体检验应由监理单位组织施工单位实施，并见证实施过程。施工单位应制定结构实体检验专项方案，并经监理单位审核批准后实施。除结构位置与尺寸偏差外的结构实体检验项目，应由具有相应资质的检测机构完成。

4.2.9 ［条文］项目监理机构应根据工程特点、监理工作需要和施工单位报送的施工组织设计，确定旁站的关键部位和关键工序，制定旁站方案，并将旁站的部位和工序告知施工单位。旁站方案可写入监理规划。

施工单位应在需旁站的部位和工序施工前，通知项目监理机构。

［条文说明］项目监理机构应对施工质量不能或不易通过巡视和验收予以验证是否合格的关键部位、关键工序实施旁站。

［条文解析］旁站是项目监理机构对工程的关键部位或关键工序的施工质量进行的监督活动。源于《建设工程质量管理条例》（2000年）第三十八条规定："监理工程师应当按照工程监理规范的要求，采取旁站、巡视和平行检验等形式，对建设工程实施监理。"且《北京市建设工程质量条例》第八十五条规定："违反本条例第三十六条、第四十一条规定，监理单位未对关键部位和关键工序进行旁站，或者见证过程弄虚作假的，由住房城乡建设或者专业工程行政主管部门责令改正，处3万元以上10万元以下的罚款。"

所以，不按要求进行旁站工作是违法行为，后果严重，项目监理机构应该高度重视旁站工作。

项目监理机构制定旁站方案时，应明确旁站监理的范围、内容、程序和旁站监理人员职责等。项目监理机构可以抄送旁站方案或单独书面告知的形式，将旁站的部位和工序告知施工单位。

施工单位应在需要实施旁站的关键部位、关键工序进行施工前 24 小时通知项目监理机构。项目监理机构应当安排旁站监理人员按照旁站方案实施旁站。

4.2.10 ［条文］专业监理工程师应检查为本工程提供服务的试验室。

对试验室的检查应包括下列内容：

1 试验室的资质及试验范围。

2 法定计量部门对试验设备出具的计量检定证明。

3 试验室主要管理制度及其执行情况。

4 试验人员资格证书。

［条文说明］本条中为工程提供服务的试验室可以是施工单位自有试验室或第三方检测机构。本条列出了主要检查内容，对这些内容的具体要求应符合相关规定。

［条文解析］《建筑工程施工质量验收统一标准》GB 50300—2013 中：

第 3.0.3 条规定：建筑工程采用的主要材料、半成品、成品、建筑构配件、器具和设备应进行进场检验。凡涉及安全、节能、环境保护和主要使用功能的重要材料、产品，应按各专业工程施工规范、验收规范和设计文件等规定进行复验，并应经监理工程师检查认可。

第 3.0.6 条规定：对涉及结构安全、节能、环境保护和主要使用功能的试块、试件及材料，应在进场时或施工中按规定进行见证检验。

根据《北京市建设工程质量条例》（2016 年）第四十一条规定："建设单位应当委托具有相应资质的检测单位，按照规定对见证取样的建筑材料、建筑构配件和设备、预拌混凝土、混凝土预制构件和工程实体质量、使用功能进行检测。施工单位进行取样、封样、送样，监理单位进行见证。"因此，见证试验室是建设单位委托的，见证试验室的名录可以查阅市住房城乡建设委网站。

4.2.11 ［条文］专业监理工程师应审查施工单位定期提交的对工程质量有影响的计量设备的检查和检定报告。

［条文说明］计量设备是指施工中使用的衡器、量具、计量装置等设备。施工单位应按有关规定定期对计量设备进行检查、检定，确保计量设备的精确性和可靠性。

［条文解析］项目监理机构对施工单位定期提交的对工程质量有影响的计量设备的检查和检定报告的审查工作，主要包括三方面内容：

1. 确定的对工程质量有影响的计量设备的范围是否符合要求。

2. 提交的计量设备的检查和检定报告的周期是否符合要求。

3. 提交的计量设备的检查和检定报告的内容和结论是否符合要求。

4.2.12 ［条文］专业监理工程师应检查、复核施工单位报送的施工控制测量成果及其保护措施，并签署《工程定位测量记录》。

施工控制测量成果及保护措施的检查、复核，应包括下列内容：

1 施工单位测量人员的资格证书及测量设备的检定证书。

2 施工平面控制网、高程控制网和临时水准点的测量成果及控制桩的保护措施。

《工程定位测量记录》应符合本规程附录B中B.2.12的要求。

［条文说明］专业监理工程师应审核施工单位的测量依据、测量人员资格和测量成果是否符合规范及标准要求，符合要求的，由专业监理工程师予以签认。

［条文解析］施工控制测量是为建立施工控制网进行的测量，包括：施工控制网的坐标系统设计和精度设计、施工控制网的布设、控制点的标石或观测墩的埋设或建造、控制网的观测及平差计算以及控制网的定期复测。

1. 平面控制测量包括场区平面控制网和建筑物平面控制网的测量。场区平面控制网可根据场区地形条件与建筑物总体布置情况，布设成建筑方格网、导线网、三角网、边角网或GPS网。建筑物平面控制网宜布设成矩形，特殊时也可布设成十字形主轴线或平行于建筑物外廓的多边形。

2. 高程控制测量前，应收集场区及附近城市高程控制点、建筑区域内的临时水准点等资料，当点位稳定、符合精度要求和成果可靠时，可作为高程控制测量的起始依据。当起始数据的精度不能满足场区高程控制网的精度要求时，经建设单位和项目监理机构同意，可选定一个水准点作为起始数据进行布网。建筑场区高程控制点布设应在每一幢建筑物附近设置两个，主要建筑物附近不应少于三个。当建筑物相距较远时，控制点间距不宜大于100m。

工程楼座定位桩及场地控制网（或建筑物控制网）、建筑物±0.000标高的控制点，应依据建设单位提供的有相应测绘资质部门出具的测绘成果确定，并填写工程定位测量记录。

4.2.13 ［条文］专业监理工程师应对施工单位在施工过程中报送的施工测量放线成果进行查验。

［条文解析］施工测量放线包括放线和抄平两项工作内容。放线按照设计图纸上建（构）筑物的平面尺寸，根据主轴线桩将建筑施工用线放样到实地的测量工作。抄平是用水准测量的方法确定某一设计标高的测量工作。

施工测量放线成果主要包括基槽平面及标高实测记录、楼层平面放线及标高实测记录、楼层平面标高抄测记录、建筑物垂直度及标高测量记录、变形观测记录等，其内容和要求应符合以下要求：

1. 基础垫层未做防水前，应对建筑物基底外轮廓线、集水坑及电梯井坑、垫层标高、基槽断面尺寸和坡度等进行测量，并填写基槽平面及标高测量记录。

2. 基础垫层防水保护层完成后，应测量建筑物基础标高，对墙柱轴线及边线、集水坑及电梯井坑边线进行测量放线，并填写楼层平面放线及标高实测记录。

3. 每层结构完成后，应测量楼层标高及平面控制点位置，对楼层墙柱轴线及边线、门窗洞口线等测量放线，并填写楼层平面放线及标高实测记录。

4. 楼层结构具备条件后应抄测楼层+0.500m（或+1.000m）标高线，填写楼层平面标高抄测记录。

5. 结构工程完成后和工程竣工时，应对建筑物外轮廓垂直度和全高进行测量，填写建筑物垂直度及标高测量记录。

4.3 材料、构配件和设备质量控制

4.3.1 ［条文］项目监理机构应审查施工组织设计中的材料采购及供应计划，对影响结构安全和重要使用功能的材料，应审查生产、供应单位的产品质量保障能力，必要时进行实地考察。

［条文解析］在施工组织设计中，材料采购及供应计划属于总体资源配置的内容，项目监理机构应审查材料采购及供应计划是否符合勘察设计文件、工程建设标准和建设工程施工合同文件等的质量要求，是否满足施工总进度计划的要求。

对于影响结构安全和重要使用功能的材料，项目监理机构可通过审查相关资质、业绩等证明文件，来判断生产、供应单位的产品质量保障能力，必要时进行实地考察。其中，影响结构安全和重要使用功能的材料主要包括：

1. 用于承重结构的钢筋及连接接头。

2. 用于承重结构的混凝土。

3. 用于承重墙的砖和混凝土小型砌块。

4. 用于承重墙体的砌筑砂浆。

5. 钢结构工程用钢材及焊接材料、高强度螺栓。

6. 装配式建筑的结构预制构件、连接接头及灌浆材料。

7. 预应力钢绞线、锚夹具。

8. 防水材料。

9. 建筑外窗。

10. 建筑节能工程用保温材料、绝热材料、粘结材料、增强网、幕墙玻璃、隔热型材、散热器、风机盘管机组、低压配电系统选择的电缆、电线等。

11. 道路工程用无机结合料稳定材料。

12. 沥青、沥青混合料。

4.3.2 ［条文］项目监理机构应对预拌混凝土生产单位的资质和生产能力进行审查。

对于实行驻厂监理的，应与驻厂监理单位共同对预拌混凝土质量进行控制。

［条文说明］对预拌混凝土生产质量进行控制的驻厂监理工作按北京市相关规定执行。

［条文解析］根据《建筑业企业资质划分》建市［2014］159号的规定，预拌混凝土专业承包资质不分等级，具有资质的预拌混凝土生产单位可承担各种强度等级的混凝土和特种混凝土。项目监理机构应审查预拌混凝土生产单位是否具备预拌混凝土专业承包资质。

项目监理机构对预拌混凝土生产单位生产能力的审查，应在审核相关生产能力证明资料的基础上，进行实地考察，具体了解其实际生产能力和供应保障能力。

驻厂监理工作不属于建设工程监理范畴，如建设单位委托项目监理单位开展预拌混凝土驻厂监理的，应单独计取驻厂监理费用。项目监理机构应按照建设工程监理合同及驻厂监理合同中的约定，确定工作职责范围，对预拌混凝土质量进行控制。

如建设单位委托第三方开展预拌混凝土驻厂监理的，项目监理机构应按照建设工程监理合同中确定的工作职责范围，与第三方驻厂监理单位共同对预拌混凝土质量进行控制。

4.3.3 ［条文］项目监理机构应对装配式建筑专业预制构件生产单位的产品质量保证能

力、深化设计能力和生产能力进行审查，按合同约定实行驻厂监理。实行驻厂监理的预制构件进场结构性能检验，应按国家和北京市有关标准执行。

［条文说明］国家标准《混凝土结构工程施工质量验收规范》GB 50204—2015 9.2条专业企业生产的预制构件进场时，梁板类简支受弯预制构件应进行结构性能检验，对于其他预制构件，除设计有专门要求外，当施工单位或工程监理单位代表驻厂监督生产过程时，可不做结构性能检验。

对装配式建筑专业预制构件生产单位的驻厂监理应在合同中约定，并明确其费用。

［条文解析］预制构件的生产包括深化设计、模板的制作与安装，钢筋的制作与安装，管线的预留预埋，埋件的安放，混凝土的制备、运输，构件的浇筑振捣和养护，脱模与堆放等多个方面，尤其需要注意的是细节处理。

鉴于专业预制构件生产单位没有资质要求，其深化设计能力、产品质量保证能力和生产能力对保障预制构件生产质量至关重要，项目监理机构应采用审核其提供的相关证明文件等方式进行审查。

驻厂监理工作不属于建设工程监理范畴，如建设单位委托项目监理单位开展预制构件驻厂监理的，应单独计取驻厂监理费用。项目监理机构应按照建设工程监理合同及驻厂监理合同中的约定，确定工作职责范围，对预制构件质量进行控制。

如建设单位委托第三方开展预制构件驻厂监理的，项目监理机构应按照建设工程监理合同中确定的工作职责范围，与第三方驻厂监理单位共同对预制构件质量进行控制。

结构性能检验是针对结构构件的承载力、挠度、裂缝控制性能等各项指标所进行的检验，《混凝土结构工程施工质量验收规范》GB 50204—2015 中第9.2.2条规定："专业企业生产的预制构件进场时，预制构件结构性能检验应符合下列规定：

1. 梁板类简支受弯预制构件进场时应进行结构性能检验，并应符合下列规定：

1）结构性能检验应符合国家现行有关标准的有关规定及设计的要求，检验要求和试验方法应符合本规范附录B的规定。

2）钢筋混凝土构件和允许出现裂缝的预应力混凝土构件应进行承载力、挠度和裂缝宽度检验；不允许出现裂缝的预应力混凝土构件应进行承载力、挠度和抗裂检验。

3）对大型构件及有可靠应用经验的构件，可只进行裂缝宽度、抗裂和挠度检验。

4）对使用数量较少的构件，当能提供可靠依据时，可不进行结构性能检验。

2. 对其他预制构件，除设计有专门要求外，进场时可不做结构性能检验。

3. 对进场时不做结构性能检验的预制构件，应采取下列措施：

1）施工单位或监理单位代表应驻厂监督生产过程。

2）当无驻厂监督时，预制构件进场时应对其主要受力钢筋数量、规格、间距、保护层厚度及混凝土强度等进行实体检验。

4.3.4 ［条文］项目监理机构应对成型钢筋加工单位的产品质量保证能力和生产能力进行审查，对其使用的钢筋原材料质量情况进行审查，按合同约定实行驻厂监理。实行驻厂监理的成型钢筋进场检验，应按国家和北京市有关标准执行。

［条文说明］国家标准《混凝土结构工程施工质量验收规范》GB 50204—2015 5.2.2条　成型钢筋进场时，应抽取试件作屈服强度、抗拉强度、伸长率和重量偏差检验，检验结果应符合国家现行有关标准的规定。

对由热轧钢筋制成的成型钢筋，当有施工单位或工程监理单位的代表驻厂监督生产过程，并提供原材钢筋力学性能第三方检验报告时，可仅进行重量偏差检验。

对成型钢筋加工单位的驻厂监理应在合同中约定，并明确其费用。

［条文解析］成型钢筋是按规定尺寸、形状加工成型的非预应力钢筋制品。成型钢筋通过机械加工成型，分为单件成型钢筋制品和组合成型钢筋制品。

鉴于成型钢筋加工企业没有资质要求，项目监理机构应采用审核其提供的相关证明文件等方式，对成型钢筋加工单位的产品质量保证能力和生产能力进行审查，对其使用的钢筋原材料质量情况进行审查，以确保成型钢筋的进场质量。

驻厂监理工作不属于建设工程监理范畴，如建设单位委托项目监理单位开展成型钢筋驻厂监理的，应单独计取驻厂监理费用。项目监理机构应按照建设工程监理合同及驻厂监理合同中的约定，确定工作职责范围，对成型钢筋质量进行控制。

如建设单位委托第三方开展成型钢筋驻厂监理的，项目监理机构应按照建设工程监理合同中确定的工作职责范围，与第三方驻厂监理单位共同对成型钢筋质量进行控制。

4.3.5　［条文］项目监理机构应对钢结构构件生产单位的资质、深化设计能力和生产能力进行审查，对其使用的钢材质量情况进行审查，按合同约定实行驻厂监理。

［条文说明］对钢结构构件生产单位的驻厂监理应在合同中约定，并明确其费用。实行驻厂监理的，项目监理机构依据有关规范对钢结构构件进行进场验收。

［条文解析］根据《建筑业企业资质划分》建市［2014］159号的规定，钢结构工程专业承包资质分为一级、二级、三级。具有资质的钢结构构件生产单位，可以承包相应工程范围的钢结构工程。项目监理机构应该根据钢结构工程的具体规模，审核钢结构构件生产单位的资质是否符合要求。

钢结构构件生产单位使用的钢材质量、深化设计能力及生产能力对钢结构工程质量有重要影响，项目监理机构应采用审核其提供的相关证明文件等方式进行审查。

驻厂监理工作不属于建设工程监理范畴，如建设单位委托项目监理单位开展钢结构构件驻厂监理的，应单独计取驻厂监理费用。项目监理机构应按照建设工程监理合同及驻厂监理合同中的约定，确定工作职责范围，对钢结构构件质量进行控制。

如建设单位委托第三方开展钢结构构件驻厂监理的，项目监理机构应按照建设工程监理合同中确定的工作职责范围，与第三方驻厂监理单位共同对钢结构构件质量进行控制。

4.3.6　［条文］项目监理机构应对玻璃幕墙生产安装单位的资质、深化设计能力和生产能力进行审查，对其使用的原材料质量情况进行审查，按合同约定实行驻厂监理。

［条文说明］通常情况下，建筑工程的幕墙包括玻璃幕墙、石材幕墙、金属幕墙和人工板材幕墙等。考虑到玻璃幕墙的生产、安装和施工其专业化程度较高，故本条仅对玻璃幕墙的生产、设计、原材料质量和驻厂监理等提出要求。

对玻璃幕墙生产安装单位的驻厂监理应在合同中约定，并明确其费用。

［条文解析］根据《建筑业企业资质划分》建市［2014］159号的规定，建筑幕墙工程专业承包资质分为一级、二级。具有资质的幕墙生产安装单位，可以承包相应工程范围的建筑幕墙工程。项目监理机构应该根据幕墙工程的具体规模，审核幕墙生产安装单位的资质是否符合要求。

幕墙生产安装单位使用的原材料质量、深化设计能力及生产能力对幕墙工程质量有重要影响，项目监理机构应采用审核其提供的相关证明文件等方式进行审查。

4.3.7 ［条文］项目监理机构应审查施工单位报送的材料、构配件和设备质量证明文件，会同施工单位对材料、构配件和设备的外观质量进行检查，并审查施工单位报送的复验结果，签认《材料、构配件进场检验记录》、《设备开箱检验记录》。

《材料、构配件进场检验记录》应符合本规程附录 B 中的 B.2.13 的要求，《设备开箱检验记录》应符合本规程附录 B 中的 B.2.14 的要求。

［条文说明］用于工程的材料、构配件、设备的质量证明文件包括出厂合格证、质量检验报告、性能检测报告以及施工单位的质量抽检报告等。

［条文解析］材料、构配件和设备的进场质量控制可分为两个阶段、三项工作：

1. 同意进场阶段，项目监理机构应开展两项工作，一是审查施工单位报送的材料、构配件和设备质量证明文件，二是会同施工单位对材料、构配件和设备的外观质量进行检查。如符合要求，项目监理机构应同意该批材料、构配件和设备进场，否则应要求予以退场。

2. 准许使用阶段，项目监理机构开展一项工作，即对于准许进场的材料、构配件和设备，审查施工单位报送的复验结果。如符合要求，项目监理机构应准许该批材料、构配件和设备用于本工程，否则应要求予以退场。

4.3.8 ［条文］项目监理机构应按有关规定对材料、构配件和设备进行见证取样和送检。

［条文说明］项目监理机构应按有关规定对材料、构配件和设备、预拌混凝土、混凝土预制构件，进行见证取样和送检的见证工作，对工程检测数据结果进行查询，发现检测结果不合格情况及时督促施工单位进行处理。有备案要求的材料和设备进场后、使用前，工程监理单位应对备案信息进行审核，要求施工单位按照统一格式将备案信息进行申报。

［条文解析］对于工程的材料、构配件和设备按规定的见证取样送检，以及施工过程中各种试件按规定的见证取样送检，应主要按照《北京市建设工程见证取样和送检管理规定（试行）》京建质［2009］289 号文件规定执行。

施工单位按照规定制定检测试验计划，配备试验人员，负责施工现场的取样工作，做好材料取样记录、试块和试件的制作、养护记录等。监理单位应按规定配备足够的见证人员，负责见证取样和送检的现场见证工作。

4.3.9 ［条文］项目监理机构应按规定填写《见证人告知书》，并按见证计划实施见证，填写《材料见证记录》，及时检查试验检测结果。

《见证人告知书》应符合本规程附录 B 中 B.1.9 的要求，《材料见证记录》应符合本规程附录 B 中 B.3.6 的要求。

［条文说明］施工单位进行取样、封样、送样，监理单位进行见证，形成记录。

［条文解析］见证人员应由具备建设工程施工试验知识的专业技术人员担任。见证人员确定后，应在见证取样和送检前告知该工程的质量监督机构和承担相应见证试验的检测机构。见证人员更换时，应在见证取样和送检前将更换后的见证人员信息告知检测机构和监督机构。

见证取样方法、抽样检验方法应严格按相关工程建设标准执行。试验人员应在试样或其包装上作出标识、封志。标识和封志应至少标明试件编号、取样日期等信息，并由见证人员和试验人员签字。

见证人员填写见证记录，试验人员和见证人员共同做好样品的成型、保养、存放、封样、送检等全过程工作。

4.3.10 ［条文］材料、构配件和设备未经项目监理机构审查或经审查不合格的，不得使用。

项目监理机构应当监督施工单位将进场检验不合格的材料、构配件和设备退出施工现场，并进行见证和记录。

［条文解析］对于建筑材料、构配件和设备进场的监理质量控制，最高层级的表述源于《建设工程质量管理条例》（2001年），其中第三十七条规定：未经监理工程师签字，建筑材料、建筑构配件和设备不得在工程上使用或者安装，施工单位不得进行下一道工序的施工。

《北京市建设工程质量条例》（2016年）第四十条规定：施工单位应当按照规定对建筑材料、建筑构配件和设备、预拌混凝土、混凝土预制构件及有关专业工程材料进行进场检验；实施监理的建设工程，应当报监理单位审查；未经审查或者经审查不合格的，不得使用。监理单位应当监督施工单位将进场检验不合格的建筑材料、建筑构配件和设备、预拌混凝土、混凝土预制构件或者有关专业工程材料退出施工现场，并进行见证和记录。

如材料、构配件和设备未经项目监理机构审查或经审查不合格的，施工单位不得使用，否则属于违法行为。

对进场检验不合格的材料、构配件和设备，项目监理机构应在《材料、构配件进场检验记录》和《设备开箱检验记录》中明确签署退场意见。施工单位应根据监理指令，封存相应批次不合格材料、构配件和设备，并组织退场，项目监理机构应对退场过程进行见证，并留存影像资料（如封样、装车、车牌、车辆驶出现场出口等信息）。

4.4 施工过程质量控制

［条文说明］4.4项目监理机构应及时要求施工单位按相应工程施工质量验收规范中分部工程验收章节的规定，做好实体检验、功能试验、观感检查、资料汇总等分部工程验收的准备工作，总监理工程师根据《建筑工程施工质量验收统一标准》和相应工程施工质量验收规范中分部工程验收章节的规定。

4.4.1 ［条文］项目监理机构应检查施工单位现场的质量管理体系的运行情况，包括组织机构、管理制度、专职管理人员和特种作业人员的资格。

［条文说明］检查内容包括：

1 检查施工单位现场质量管理组织机构是否健全，对其主要负责人、重要岗位的质量管理人员不符合相应配备标准、合同约定或未履职到岗的，应要求施工单位整改。施工单位逾期未改的，应经建设单位同意后下达《工程暂停令》。

2 检查施工单位质量管理制度的落实情况，对未落实的，项目监理机构应下发《监理通知单》，要求施工单位整改。施工单位逾期未改有可能造成质量失控的，应经建设单位同意下达《工程暂停令》。

3 对施工单位现场不称职的质量管理人员，项目监理机构可要求撤换。

4 对于分包单位不履行相应的质量管理责任的，项目监理机构可建议更换。

5 对特种作业人员资格不符合规定的，项目监理机构要求整改。

[条文解析] 根据《关于加强北京市建设工程质量施工现场管理工作的通知》京建发 [2010] 111 号的规定，施工单位工程项目部应配备与工程项目规模和技术难度相适应的、业务素质高且具有项目质量管理工作实际经验的工程质量管理人员。

1. 建筑面积在 5 万平方米以下的工程，项目部技术质量负责人应具有中级以上技术职称；建筑面积在 5 万平方米以上 10 万平方米以下的工程，项目部技术质量负责人应具有高级以上技术职称；建筑面积在 10 万平方米以上的工程，项目部技术质量负责人应具有高级以上技术职称，并应有相应技术职称 2 年以上类似工程建设技术质量管理工作经验。

2. 建筑面积在 5 万平方米以下的工程质量检查员人数土建专业不应少于 2 名，水电专业各不应少于 1 人；建筑面积在 5 万平方米以上 10 万平方米以下的工程，质量检查员人数土建专业不应少于 4 名，水电专业各不应少于 2 人；10 万平方米以上的工程质量检查员人数土建专业不应少于 6 名，水电专业各不应少于 3 人。分包单位工程项目管理部应至少配备 2 名质量检查员，并应纳入总包单位管理。质量检查员应具有中级以上技术职称或从事质量管理工作 5 年以上，并取得企业培训上岗证书。

3. 施工单位工程项目部应配备专职施工试验管理人员。

建筑面积在 5 万平方米以下的工程施工试验管理人员人数不应少于 1 名；建筑面积在 5 万平方米以上 10 万平方米以下的工程，施工试验管理人员人数不应少于 2 名；10 万平方米以上的施工试验管理人员人数不应少于 3 名。分包单位工程项目管理部应至少配备 1 名施工试验管理人员，并应纳入总包单位管理。施工试验管理人员应具有初级以上技术职称或从事质量管理工作 3 年以上，并取得企业培训上岗证书。

4. 市政基础设施工程，上述建筑面积 5 万平方米可折算为工程合同价款数额 2 亿元人民币；建筑面积 10 万平方米可折算为工程合同价款数额 5 亿元人民币。

4.4.2 [条文] 项目监理机构应对工程施工过程进行巡视，具体巡视时间和频率、部位应根据工程实际情况确定，并应纳入监理实施细则。

项目监理机构的巡视不代替施工单位的自检，不减少施工单位对其施工质量的管理责任。

巡视应包括下列主要内容：

1 施工单位是否按工程设计文件、工程建设标准和批准的施工组织设计、施工方案施工。

2 使用的工程材料、构配件和设备是否符合要求。

3 施工质量管理人员是否到位履职，质量管理制度、措施是否落实。

4 特种作业人员是否持证上岗。

5 施工的成品、半成品是否存在质量问题。

[条文说明] 项目监理机构应安排监理人员对工程施工质量进行巡视。项目监理机构的巡视只能是抽查，巡视不代替施工单位的管理责任。

本条规定的旁站部位是对于房屋建筑工程的一般规定，其他旁站部位和旁站项目，由总监理工程师根据工程具体特点确定。

[条文解析] 巡视是项目监理机构对施工现场进行的定期或不定期的检查活动。

1. 对于计划编制监理实施细则的分部分项工程，尤其是技术复杂、专业性较强、危险性较大的分部分项工程，项目监理机构应根据工程实际情况，确定巡视的具体时间和频率、部位，并应纳入监理实施细则中。

2. 对于计划不编制监理实施细则的分部分项工程，项目监理机构应根据工程实际情况，确定巡视的具体时间和频率、部位，并应纳入监理规划或其他方案中。

项目监理机构应根据监理规划、监理实施细则及其他方案的具体规定，开展对工程施工过程进行的巡视活动。

4.4.3 ［条文］项目监理机构应按照旁站方案安排监理人员对需旁站的部位和工序实施旁站，旁站中发现问题应要求施工单位及时整改，旁站人员应及时填写并签署《旁站记录》。

《旁站记录》应符合本规程附录 B 中 B.3.1 的要求。

项目监理机构的旁站不代替施工单位的质量控制，不减少施工单位对其施工质量的管理责任。

对下列涉及结构安全和重要功能的关键部位和关键工序应实施旁站：

1 地基处理中的回填、换填、碾压、夯实等工序的开始阶段。

2 每个工作班的第一车预拌混凝土卸料、入泵。

3 每个工作班的第一车预拌混凝土的稠度测试。

4 每个工作班的第一个混凝土构件的浇筑。

5 每个楼层的第一个梁柱节点的钢筋隐蔽过程。

6 预应力张拉过程。

7 装配式结构中竖向构件钢筋连接施工。

8 住宅工程的第一个厕浴间防水层施工及其蓄水试验。

9 住宅工程排水系统的第一次通球试验过程。

10 高度超过 100 米的高层建筑的防雷接地电阻测试。

11 建筑节能工程中外墙外保温饰面砖粘结强度检测过程。

［条文说明］旁站人员应检查施工单位质量管理人员是否在施工现场，检查施工单位是否依照施工设计文件、施工方案和工程建设强制性条文施工。

［条文解析］建设部 2002 年印发的《房屋建筑工程施工旁站监理管理办法（试行）》建市［2002］189 号，规定了旁站监理人员的职责，间接明确了旁站记录应该记录的内容：

1. 检查施工单位现场质检人员到岗、特殊工种人员持证上岗以及施工机械、建筑材料准备情况；

2. 监督关键部位、关键工序的施工执行施工方案以及工程建设强制性标准情况；

3. 核查进场建筑材料、构配件、设备和商品混凝土的质量检验报告等，并可在现场监督施工单位进行检验或者委托具有资格的第三方进行复验。

对于应实施旁站的涉及结构安全和重要功能的关键部位和关键工序，本规程在《房屋建筑工程施工旁站监理管理办法（试行）》建市［2002］189 号相关规定的基础上具体细化为 11 项，更有利于把旁站工作做实做细，具有操作性。

4.4.4 ［条文］项目监理机构应根据有关规定和建设工程监理合同约定对工程质量进行平行检验。平行检验的项目应根据工程特点、专业要求，以及建设工程监理合同的约定确定，并纳入监理实施细则。

项目监理机构的平行检验不代替施工单位的质量检验，不减少施工单位对其施工质量的管理责任。

平行检验宜符合下列要求：

1 住宅工程和重点工程的结构混凝土强度应进行抽样检验；可由项目监理机构采用回弹法对混凝土强度进行检验，每个混凝土强度等级、每楼层至少检验一次，也可委托具有资质的检测机构按照相关标准规定的方法进行检测。填写《混凝土强度回弹平行检验记录》。

《混凝土强度回弹平行检验记录》应符合本规程附录B中B.3.2的要求。

2 承重结构的钢筋机械连接，应对螺纹接头拧紧力矩进行抽样检验，每楼层每种规格的钢筋至少检验5个接头，应均匀分布。填写《钢筋螺纹接头平行检验记录》。

《钢筋螺纹接头平行检验记录》应符合本规程附录B中B.3.3的要求。

3 承重结构的钢筋焊接连接，应对焊缝的尺寸外观质量等项目进行抽样检验，每楼层至少检验5处。填写《钢筋焊接接头平行检验记录》。

《钢筋焊接接头平行检验记录》应符合本规程附录B中B.3.4的要求。

4 采用砌体结构的住宅工程，应对承重墙体（柱）的砂浆饱满度进行抽样检验，每楼层至少检验三处，每处三个砌体，取平均值。填写《承重砌体砂浆饱满度平行检验记录》。

《承重砌体砂浆饱满度平行检验记录》应符合本规程附录B中B.3.5的要求。

［条文说明］4.4.2～4.4.4为了使本规程具有更好的可操作性，这三条规定了监理人员对工程施工质量进行巡视、旁站和平行检验的具体要求。并强调监理的这些措施不代替施工单位的质量控制措施，也不减少施工单位对其施工质量的管理责任。

在工程项目的具体监理工作中，可根据本规程要求和工程特点做出调整。但一般不应低于本规程的要求。

［条文解析］平行检验是项目监理机构在施工单位自检的同时，按有关规定和建设工程监理合同约定对同一检验项目进行的检测试验活动。源于《建设工程质量管理条例》（2000年）第三十八条规定："监理工程师应当按照工程监理规范的要求，采取旁站、巡视和平行检验等形式，对建设工程实施监理。"

项目监理机构应根据工程特点、专业要求，以及建设工程监理合同的约定确定平行检验的项目，并在监理实施细则或监理规划中予以明确。

平行检验应依据相关标准进行。例如采用回弹法对混凝土强度进行的平行检验，应依据北京市地方标准《回弹法和超声回弹法检测混凝土强度规程》进行。

平行检验的结论仅作为监理人员判断工程质量是否符合要求的参考，在项目监理机构内部保存，不作为对工程质量判定的依据，不向外部或其他单位提供，不出具检验报告。

平行检验是项目监理机构负责实施的监理工作，必要时可委托具有资质的检测机构代为实施。对于平行检验的内容和要求，本规程给出了具体4项规定，有利于把平行检验工作做实，具有操作性。

4.4.5 ［条文］专业监理工程师应在施工单位自检合格并接到报验申请后，组织隐蔽工程验收，签署验收文件。验收合格后，方可允许下道工序施工。

对规定应进行隐蔽工程验收的部位，施工单位未报项目监理机构进行隐蔽验收而自行覆盖的，或对已同意覆盖的工程隐蔽部位质量有疑问的，项目监理机构应要求施工单位对该隐蔽部位进行钻孔探测、剥离或其他方法进行重新检验。

［条文说明］施工过程中，隐蔽工程在大多数情况下具有不可逆性。隐蔽工程被后续

工程隐蔽后，其施工质量很难检验及认定，如果不认真做好隐蔽工程的质量检查工作，就容易给工程质量留下隐患。为此，必须严格执行未经监理验收合格，隐蔽工程不得隐蔽，未经监理验收合格，不得进入下道工序施工。

［条文解析］隐蔽工程泛指在工程竣工后，不可见的工程部位。隐蔽工程验收内容在相关专业施工质量验收规范中有详细规定。

4.4.6 ［条文］专业监理工程师应在施工单位自检合格后，会同施工单位对检验批和分项工程质量进行验收，检验批的验收应有现场验收检查原始记录，并形成检验批和分项工程质量验收记录。

［条文说明］项目监理机构应按规定对施工单位自检合格后报验的检验批和分项工程及相关文件和资料进行审查和验收，符合要求的，签署验收意见。检验批的报验按有关专业工程施工验收标准规定的程序执行。

［条文解析］根据《建筑工程施工质量验收统一标准》GB 50300—2013 规定：

检验批应由专业监理工程师组织施工单位项目专业质量检查员、专业工长等进行验收。检验批质量验收合格应符合下列规定：1. 主控项目的质量经抽样检验均应合格；2. 一般项目的质量经抽样检验合格；3. 具有完整的施工操作依据、质量验收记录。

检验批验收应具有现场验收检查原始记录的要求，是《建筑工程施工质量验收统一标准》GB 50300—2013 施行以来增加的内容，应给予重视。

分项工程应由专业监理工程师组织施工单位项目专业技术负责人等进行验收。分项工程质量验收合格应符合下列规定：1. 所含检验批的质量均应验收合格；2. 所含检验批的质量验收记录应完整。

4.4.7 ［条文］总监理工程师应在分部（子分部）工程完成、施工单位自检合格、接到施工单位报验的《分部工程质量验收报验表》后，组织相关人员对分部（子分部）工程进行验收，验收合格后签认分部（子分部）工程质量验收记录。项目监理机构应对有关节能和工程结构实体质量的检验进行见证，签署《实体检验见证记录》。

《分部工程质量验收报验表》应符合本规程附录 B 中 B.2.16 的要求，《实体检验见证记录》应符合本规程附录 B 中 B.3.7 的要求。

［条文说明］项目监理机构应按规定对施工单位自检合格后报验的分部工程及相关文件和资料进行审查和验收，符合要求的，签署验收意见。

［条文解析］根据《建筑工程施工质量验收统一标准》GB 50300—2013 规定：

分部工程应由总监理工程师组织施工单位项目负责人和项目技术负责人等进行验收。勘察、设计单位项目负责人和施工单位技术、质量部门负责人应参加地基与基础分部工程的验收。设计单位项目负责人和施工单位技术、质量部门负责人应参加主体结构、节能分部工程的验收。

分部工程质量验收合格应符合下列规定：1. 所含分项工程的质量均应验收合格；2. 质量控制资料应完整；3. 有关安全、节能、环境保护和主要使用功能的抽样检验结果应符合相应规定；4. 观感质量应符合要求。

4.4.8 ［条文］项目监理机构发现施工存在质量问题或施工不当造成工程质量不合格的，应及时签发《监理通知单》，要求施工单位整改。整改完毕后，项目监理机构应根据施工单位报送的《监理通知回复单》对整改情况进行复查，提出复查意见。

《监理通知单》应符合本规程附录 B 中 B. 1. 4 的要求，《监理通知回复单》应符合本规程附录 B 中 B. 2. 11 的要求。

[条文说明] 重要的监理通知单由总监理工程师签署。

[条文解析] 项目监理机构发现施工存在质量问题或施工不当造成工程质量不合格的，可先口头要求施工单位改正，然后应及时签发监理通知单，必要时签发工程暂停令。

4.4.9 [条文] 对需要返工处理或加固补强的质量缺陷，项目监理机构应要求施工单位报送经设计等相关单位认可的处理方案，并对质量缺陷的处理过程进行跟踪检查，并应对处理结果进行验收。

[条文说明] 经返修或加固处理的分项、分部工程，满足安全及使用功能要求时，可按技术处理方案和协商文件的要求予以验收。

[条文解析] 对需要返工处理或加固补强的质量缺陷，施工单位报送的处理方案应符合《建筑工程施工质量验收统一标准》GB 50300—2013 规定：

当建筑工程施工质量不符合要求时，应按下列规定进行处理：1. 经返工或返修的检验批，应重新进行验收；2. 经有资质的检测机构检测鉴定能够达到设计要求的检验批，应予以验收；3. 经有资质的检测机构检测鉴定达不到设计要求、但经原设计单位核算认可能够满足安全和使用功能的检验批，可予以验收；4. 经返修或加固处理的分项、分部工程，满足安全及使用功能要求时，可按技术处理方案和协商文件的要求予以验收。

经返修或加固处理仍不能满足安全或重要使用功能的分部工程及单位工程，严禁验收。

4.4.10 [条文] 对需要返工处理或加固补强的质量事故，项目监理机构应要求施工单位报送质量事故调查报告和经设计等相关单位认可的处理方案，并对质量事故的处理过程进行跟踪检查，同时应对处理结果进行验收。

项目监理机构应及时向建设单位提交质量事故书面报告，并将完整的质量事故处理记录整理归档。

[条文解析] 质量事故，是指由于建设、勘察、设计、施工、监理等单位违反工程质量有关法律法规和工程建设标准，使工程产生结构安全、重要使用功能等方面的质量缺陷，造成人身伤亡或者重大经济损失的事故。

根据《关于做好房屋建筑和市政基础设施工程质量事故报告和调查处理工作的通知》建质〔2010〕111 号的规定，根据质量事故造成的人员伤亡或者直接经济损失，质量事故分为四个等级：

1. 特别重大事故，是指造成 30 人以上死亡，或者 100 人以上重伤，或者 1 亿元以上直接经济损失的事故。

2. 重大事故，是指造成 10 人以上 30 人以下死亡，或者 50 人以上 100 人以下重伤，或者 5000 万元以上 1 亿元以下直接经济损失的事故。

3. 较大事故，是指造成 3 人以上 10 人以下死亡，或者 10 人以上 50 人以下重伤，或者 1000 万元以上 5000 万元以下直接经济损失的事故。

4. 一般事故，是指造成 3 人以下死亡，或者 10 人以下重伤，或者 100 万元以上 1000 万元以下直接经济损失的事故。

所以，质量问题可分为质量缺陷和质量事故两类，其中质量事故是至少造成人员重伤或者 100 万元以上的直接经济损失的质量问题，质量事故以外的其他质量问题可以归为质量缺陷，监理工作中不能混淆质量缺陷和质量事故。

4.5　竣工验收质量控制

4.5.1　[条文]　总监理工程师应在单位工程施工完毕、施工单位自检合格、并报送《单位工程竣工验收报审表》后，按下列程序组织竣工预验收：

1　组织监理人员对竣工资料（包括分包单位的竣工资料）进行核查。

2　组织专业监理工程师和施工单位共同对工程实体进行验收。

3　需进行局部整改的，应要求施工单位整改，整改完成后对整改事项再进行检查验收。

4　对于预验收符合要求的，签署《单位工程竣工验收报审表》。

《单位工程竣工验收报审表》应符合本规程附录 B 中 B.2.15 的要求。

[条文说明]　项目监理机构收到《单位工程竣工验收报审表》后，总监理工程师应组织专业监理工程师对工程实体质量情况及竣工资料进行全面检查，需要进行功能试验（包括单机试车和无负荷试车）的，应审查试验报告单。对发现影响竣工验收的问题，签发《监理通知单》要求施工单位整改。

[条文解析]　根据《建筑工程资料管理规程》DB11/T 695—2017 规定，单位工程竣工预验收应由总监理工程师组织，专业监理工程师和施工单位项目经理、项目技术负责人等参加。

4.5.2　[条文]　工程竣工预验收合格后，项目监理机构应编写工程质量评估报告，并应经总监理工程师和工程监理单位技术负责人审核签字后报建设单位。

[条文说明]　单位工程预验收合格、遗留问题整改完毕后，总监理工程师应当在施工单位提交的工程竣工报告上签署意见，并提出工程质量评估报告。工程质量评估报告应当经总监理工程师和工程监理单位技术负责人审核签字，并加盖执业人员印章和单位公章。

[条文解析]　根据《北京市房屋建筑和市政基础设施工程竣工验收管理办法》京建法[2015] 2 号的规定：

工程完工后，施工单位应当组织有关人员对工程质量进行自检，确认工程质量符合有关法律、法规、设计文件、技术标准及合同的要求，并提出工程竣工报告。工程竣工报告应当经项目经理和施工单位有关负责人审核签字，并加盖执业人员印章和单位公章。

对于委托监理的工程，在收到施工单位提交的工程竣工报告后，总监理工程师应当按照规范要求组织工程质量竣工预验收。预验收合格后，总监理工程师应当及时在施工单位提交的工程竣工报告上签署意见，并提出工程质量评估报告。工程质量评估报告应当经总监理工程师和工程监理单位技术负责人审核签字，并加盖执业人员印章和单位公章。

4.5.3　[条文]　工程质量评估报告主要包括下列内容：

1　工程概况。

2　工程各参建单位名称。

3　分部分项工程质量验收及工程竣工预验收情况。

4　工程质量事故及处理情况。

5　工程质量控制资料核查情况。

6　工程质量评估结论。

［条文解析］工程质量评估报告是移交城建档案管理部门归档保存的重要监理资料，应做到内容要件齐全，工程质量评估结论明确。

4.5.4 ［条文］项目监理机构应参加由建设单位组织的竣工验收。对验收中提出需整改的问题，应督促施工单位及时整改。工程质量符合要求后，总监理工程师应在工程竣工验收相关记录中签署意见。

［条文解析］根据《建筑工程施工质量验收统一标准》GB 50300—2013 规定，单位工程质量验收合格应符合下列规定：1. 所含分部工程的质量均应验收合格；2. 质量控制资料应完整；3. 所含分部工程中有关安全、节能、环境保护和主要使用功能的检验资料应完整；4. 主要使用功能的抽查结果应符合相关专业验收规范的规定；5. 观感质量应符合要求。

5 工程进度和造价控制

5.1 一般规定

5.1.1 ［条文］项目监理机构应以建设工程施工合同工期为工程进度控制总目标，采用动态控制方法，实施主动控制，注重跟踪检查，使阶段性施工进度计划与总进度计划目标协调一致。

［条文说明］工程进度控制的依据是建设工程施工合同工期。不得任意压缩合理工期，确需压缩的应组织专家论证，且压缩的工期天数不得超过定额工期的 30％。此外，《建设工程工程量清单计价规范》GB 50500—2013 第 9.11.1 条规定："招标人应依据相关工程的工期定额合理计算工期，压缩的工期天数不得超过定额工期的 20％，超过者应在招标文件中明示增加赶工费"。

［条文解析］本条明确了项目监理机构实施工程进度控制的一般原则，总体概述了工程进度控制的依据、目标、方法和工作要求。

项目监理机构实施工程进度控制应以建设工程施工合同工期为依据，应以建设工程施工合同工期为进度控制总目标对工程进度实施主动控制，按照施工进度计划动态检查工程实际进度情况，要求阶段性进度计划必须与总进度计划目标相协调一致。

5.1.2 ［条文］项目监理机构应以建设工程施工合同中所约定的合同价款和工程量清单为依据，进行工程量计量并签认应支付的工程款，实施工程造价控制。

采用单价合同的工程量清单，应由建设单位或其委托的清单编制单位对清单工程量进行复核，并经建设单位确认后，作为工程造价控制的依据。对于设计图纸变化较大的，应由建设单位重新编制工程量清单。

报验资料不全、与合同文件的约定不符、未经项目监理机构质量验收合格的工程量不予计量，该部分工程款不予支付。

［条文说明］工程造价控制的依据是：

1 建设工程施工合同、有关材料、设备采购合同及补充协议。

2 经建设单位确认的已标价的工程量清单或合同预算书。

3 工程设计文件及工程变更、洽商。

4 建设工程工程量清单计价规范、北京市工程概（预）算定额、价格信息、工期定额及现行造价管理文件。

5 分部、分项、检验批工程质量验收资料。

6 国家和本市有关经济法规和规定。

［条文解析］本条明确了项目监理机构进行工程计量和实施工程造价控制的监理工作依据和要求，同时明确了建设单位应对工程量清单编制的准确性和变更负责。

工程造价控制是工程监理单位为建设单位提供咨询服务的重要内容之一。按照《建设工程施工合同（示范文本）》GF-2017-0201，"除建设工程施工合同专用合同条款另有约定外，建设单位提供的工程量清单，应被认为是准确的和完整的。当出现工程量清单存在缺项漏项、工程量清单偏差超出专用合同条款约定的工程量偏差范围、未按照国家现行计量规范强制性规定计量的情形时，建设单位应予以修正，并相应调整合同价格"。因此，建设单位或其委托的清单编制单位应对清单工程量进行复核，并经建设单位确认后作为项目监理机构实施工程造价控制的依据。在工程实施过程中，当出现设计图纸变化较大的，相应的工程量清单亦会产生较大变化，建设单位应按建设工程施工合同约定，根据变化后的设计图纸重新编制工程量清单，作为监理造价控制的依据。

按照本规程术语定义，工程计量是指项目监理机构根据工程设计文件及建设工程施工合同约定对施工单位申报的合格工程的工程量进行的核验。对于报验资料不全、与合同文件的约定不符的工程量，项目监理机构将不予认可且不应计量。工程计量的基础是施工单位申报的工程量所包含的分部分项工程已经项目监理机构验收合格，未经验收的或验收不合格的工程量不予以计量。

5.1.3 ［条文］项目监理机构可通过监理例会、专题会议、工作联系单和监理通知单等方式与建设单位、施工单位沟通信息，提出工程进度和造价控制的建议。

［条文解析］本条明确了项目监理机构实施工程进度和造价控制的监理工作方法和要求。

项目监理机构可以通过监理例会、专题会议、工作联系单和监理通知单等方式与建设单位、施工单位沟通信息，提出意见建议，有效实施工程进度和造价控制。

5.2 工程进度控制

5.2.1 ［条文］项目监理机构应审查施工单位报审的施工总进度计划和阶段性施工进度计划，提出审查意见，并应由总监理工程师签署《施工进度计划报审表》。

施工进度计划审查应包括下列基本内容：

1 施工进度计划应符合建设工程施工合同工期的约定。

2 施工进度计划中主要工程项目无遗漏，应满足分批投入试运行、分批动用的需要，阶段性施工进度计划应满足总进度计划目标的要求。

3 施工顺序的安排应符合施工工艺的要求。

4 施工人员和施工机械的配置、工程材料的供应计划应满足施工进度计划的需要。

《施工进度计划报审表》应符合本规程附录B中B.2.4的要求。

［条文说明］阶段性施工进度计划可包括：季度进度计划、月度进度计划、周计划、季节性计划，或按分部工程编写。

［条文解析］本条明确了项目监理机构审查施工进度计划的程序、内容和要求，并明确了施工进度计划报审表的样式。本条综合考虑了《工程施工招标文件标准文本》和《建设工程施工合同》中关于工期和进度的相关内容，着重强调了施工进度计划应审查的基本内容。

施工进度计划的编制应当符合国家法律规定和一般工程实践惯例，施工总进度计划必须符合建设工程施工合同约定的工期要求，应以合同工期作为施工总工期目标编制详细的工期计划和方案说明。施工总进度计划经总监理工程师审核签认后，应作为《工程开工报审表》的附件证明文件资料内容之一报建设单位批准后方可实施。

为使工期进度控制更具有操作性，确保施工总进度计划的完成，施工单位应根据工项目分阶段实施情况和分项工程情况将施工总进度计划分解成阶段性（或分项）施工进度计划，阶段性（或分项）施工进度计划必须与总进度计划目标协调一致。

项目监理机构审查施工单位报审的施工总进度计划和阶段性（或分项）施工进度计划时，应根据建设工程施工合同工期约定和工程项目实际提出审查意见。发现问题时，应在《施工进度计划报审表》的审查意见栏或以工作联系单等其他书面形式及时向施工单位提出修改意见，并对施工单位调整后的进度计划重新进行审查。发现重大问题时，应及时向施工单位发出《监理通知单》并报建设单位。

施工进度计划不符合合同要求或与工程的实际进度不一致的，施工单位应向项目监理机构提交修订的施工进度计划，并附具有关措施和相关资料，由项目监理机构报送建设单位。建设单位和项目监理机构应在收到修订的施工进度计划后，在合同约定时间内完成审核和批准或提出修改意见。建设单位和项目监理机构对施工单位提交的施工进度计划的确认，不能减轻或免除施工单位根据法律规定和合同约定应承担的任何责任或义务。

5.2.2 ［条文］项目监理机构应按下列要求监督进度计划的实施：

1 依据施工总进度计划，对施工单位实际进度进行跟踪监督检查，及时收集、整理、分析进度信息，发现问题及时按照建设工程施工合同规定和已审批的进度计划要求纠正，实施动态控制。

2 按月（周）检查实际进度，并与计划进度进行比较分析，发现实际进度滞后于计划进度且有可能影响合同工期时，要求施工单位及时采取措施，实现计划进度目标。

3 在监理月报中向建设单位报告工程实际进展情况，比较分析工程施工实际进度与计划进度偏差，预测实际进度对工程总工期的影响，报告可能出现的工期延误风险。

4 对由建设单位原因可能导致的工程延期及其相关费用索赔的风险，应向建设单位提出预防建议。

［条文说明］在施工进度计划实施过程中，项目监理机构应检查和记录实际进度情况，与计划进度进行比较分析，要求施工单位采取措施，实现计划进度目标，必要时与建设单位及时沟通。

［条文解析］本条明确了项目监理机构应对施工进度计划实施动态控制的要求，在进度计划实施过程中应进行实际进度与计划进度的比较分析并如实反映在监理月报中，同时预测实际进度对工程总工期可能造成的影响，报告可能产生工期延误的风险。对于由建设单位原因可能导致的工程延期及其相关费用索赔的风险，应向建设单位提出预防建议。

按照本规程术语定义，工期延误是指由于施工单位自身原因造成的施工工期延长。总监理工程师应及时向建设单位报告造成工期延误的风险事件及其原因，提出建议采取的对策和措施。

5.2.3 ［条文］项目监理机构可采取下列方法对施工进度偏差进行纠正：

1 发现工程进度偏离计划时，总监理工程师应组织监理人员分析原因，召开各方协调会议，研究应对措施，签发《监理通知单》或《工作联系单》，要求施工单位进行调整。

2 在监理月报中向建设单位报告工程进度和所采取的纠正偏离措施的执行情况。

3 由于施工单位原因造成工期延误，在项目监理机构签发《监理通知单》后，施工单位未有明显改进，致使工程在合同工期内难以完成时，项目监理机构应及时向建设单位提交书面报告，并按合同约定处理。

《工作联系单》应符合本规程附录 B 中 B. 1. 3 的要求。

［条文解析］本条明确了项目监理机构实施进度计划偏差纠正的监理工作方法和要求。

施工进度计划在实施过程中受各种因素的影响可能会出现偏差，项目监理机构应对施工进度计划的实施情况进行动态检查，对照施工实际进度与计划进度，判定实际进度是否出现偏差，分析产生进度偏差的原因，根据进度偏差大小及对总工期的影响程度，采取召开专题会议或签发监理通知单、工作联系单的方式，要求施工单位采取调整措施加快施工进度，督促施工单位按照调整后批准的施工进度计划实施。如若施工单位没有采取有效措施，以致工程进度没有明显改进导致影响合同工期时，应及时报告建设单位，并按合同约定处理。

5.2.4　［条文］对于工程延期，项目监理机构应审查施工单位报送的《工程临时/最终延期报审表》，总监理工程师依据建设工程施工合同的约定，与建设单位共同签署《工程临时/最终延期报审表》。

《工程临时/最终延期报审表》应符合本规程附录 B 中 B. 2. 6 的要求。

［条文解析］本条明确了项目监理机构在处理工程延期时监理工作的程序和方法。

按照本规程术语定义，工程延期是指由于非施工单位原因造成的合同工期延长。项目监理机构应本着公平公正的原则与建设单位和施工单位充分沟通协商一致，要求施工单位按照合同约定提出延期申请，项目监理机构与建设单位共同签署确认工程延期时间。

5.3　工程造价控制

5.3.1　［条文］项目监理机构可依据建设工程施工合同、工程设计文件，对工程进行风险分析，找出工程造价最易突破的部分和最易发生费用索赔的因素和部位，制定防范性对策并及时向建设单位报告。

［条文说明］工程量及对应的合同价款按计量周期进行分解时应依据建设工程施工合同和进度计划。

1　当索赔事件即将发生时，总监理工程师应当及时与建设单位协商处置对策，最大限度地避免索赔事件的发生。

2　当索赔事件发生时，应遵循"谁索赔，谁举证"的原则，索赔证据应真实有效且经相关各方签字认可。

［条文解析］本条明确了项目监理机构实施工程造价控制事前控制的监理工作内容和要求，同时提出了项目监理机构应全面了解所监理工程的施工招标投标文件、建设工程施工合同文件、工程设计文件、施工组织设计和施工进度计划等内容，熟悉施工投标报价及组成、合同价款的计价方式、工程预算等情况，熟悉工程造价相关法律法规和相关规定，依据监理规划、施工组织设计、进度计划以及相关的设计、技术、标准等文件编制工程造价控制监理实施细则，明确造价控制的目标和要求、制定造价控制的流程、方法和措施，以及针对工程特点和施工总进度计划编制工程款支付计划，制定工程造价控制的重点和目标值，分析造价控制的风险点，找出工程造价最易突破的部分和最易发生费用索赔的因素和部位，制定防范性对策，并及时向建设单位提出合理化建议。

5.3.2　［条文］项目监理机构应从造价、项目的功能要求、质量和工期等方面审查工程变更，除非建设工程施工合同另有约定，宜在工程变更前与建设单位、施工单位协商确定工程变更的价款或计算价款的原则、方法。

[条文说明] 首先分析工程变更的原因，确定工程变更是否引起经济变更，如果涉及经济变更需根据合同的相关约定审核工程变更价款。

1 除非建设工程施工合同有约定外，原则上凡属施工单位提出的方便于施工的工程变更而产生的费用，均由施工单位承担。

2 因工程变更而产生费用的，原有的相关合法依据均无变更的工作量计价依据的，工程监理单位应与建设单位、施工单位市场询价后协商定价。

[条文解析] 本条明确了项目监理机构处理工程变更时工程造价控制监理工作的内容和要求。

在工程实施过程中，可能会发生建设单位对项目功能需求变化、设计依据与现场实际不符、施工单位为了更经济方便调整施工方案、采用新材料新产品新工艺新技术需要等各种原因从而引起工程变更。

项目监理机构在处理工程变更时，如果建设工程施工合同有约定的，按合同约定进行处理，合同没有约定的，为了减少工期费用结算争议，在工程变更实施前，项目监理机构与建设单位、施工单位针对工程变更的价款或计算价款的原则和方法进行充分协商，达成一致意见。

5.3.3 [条文] 项目监理机构应对工程合同价中约定允许调整的材料、构配件、设备等价格，包括专业工程暂估价、材料设备暂估价等进行控制。

[条文说明] 暂估价的专业工程/材料设备属于依法必须招标的，由发承包双方以招标的方式，选择专业分包人/供应商，确定其价格并以此为依据取代暂估价，调整合同价款。暂估价的材料设备不属于依法必须招标的，专业监理工程师根据合同约定及市场价格，审核承包人申报的采购价格；暂估价的专业工程不属于依法必须招标的，项目监理机构根据合同变更约定进行审核，最终由发包人确认后，取代暂估价，调整合同价款。

1 工程合同价中已约定允许调整的材料、构配件、设备价格，应在该物品采购前，经建设单位、施工单位和工程监理单位共同市场询价和调研后商定价格。

2 建设工程施工合同中约定的专业工程暂估价、材料设备暂估价的部分，应在该项内容实施前由相关各方市场询价和调研后，协商确定价格。

[条文解析] 本条明确了项目监理机构应对建设工程施工合同专用条款中的暂估价专业分包工程、服务、材料、构配件、设备等项目实施工程造价控制。

对于依法必须招标的暂估价项目，由施工单位招标的，施工单位应当根据施工进度计划，提前将招标方案、招标文件通过项目监理机构报送建设单位审查，建设单位批准后方可开展招标工作。建设单位有权确定招标控制价并按照法律规定参加评标。招标结束后，施工单位与供应商、分包单位在签订暂估价合同前，应将确定的中标候选供应商或中标候选分包单位的资料报送建设单位，并由建设单位和施工单位共同确定中标单位。

对于依法必须招标的暂估价项目，由建设单位和施工单位共同招标确定暂估价供应商或分包单位的，施工单位应按照施工进度计划，在招标工作启动前通知建设单位暂估价招标方案和工作分工。确定中标人后，由建设单位、施工单位与中标单位共同签订暂估价合同。

除专用合同条款另有约定外，对于不属于依法必须招标的暂估价项目，施工单位应根据施工进度计划，在签订暂估价项目的采购合同、分包合同前向项目监理机构提出书面申请，项目监理机构应当在收到申请后报送建设单位审批。建设单位认为施工单位确定的供应商、分包单位无法满足工程质量或合同要求的，可以要求施工单位重新确定暂估价项目的供应商、分包单位。

对于不属于依法必须招标的暂估价项目，施工单位具备实施暂估价项目的资格和条件的，经建设单位和施工单位协商一致后，可由施工单位自行实施暂估价项目，合同当事人可以在专用合同条款约定具体事项。

5.3.4　[条文] 除非建设工程施工合同另有约定，项目监理机构应依据建设工程施工合同工程量清单进行月完成工程量统计，对实际完成量与计划完成量进行比较，发现偏差应分析原因，提出相应处理意见，并应在监理月报中向建设单位报告。

[条文说明] 如果出现合同工程量清单有误，应建议建设单位修正工程量清单；如果工程变更引起的费用变更对合同价款影响较大，应及时报告建设单位。

1　在项目实施过程中实际完成工程量与计划完成工程量的偏差，项目监理机构应要求施工单位报出产生偏差的原因与整改措施，工程监理单位审核施工单位所提出产生偏差的原因与整改措施的真实性与可实施性，并提出监理意见和建议。

2　实际完成工程量与计划完成工程量的偏差如果不会影响到工程关键工序、关键节点的施工，工程监理单位应在监理月报中向建设单位报告，否则应及时报告建设单位并应提出监理处理意见。

[条文解析] 本条明确了项目监理机构应进行月完成工程量的统计及实际完成工程量与计划完成工程量比较分析的职责。

工程实施过程中，施工单位可根据项目施工总进度计划，编制阶段性（周、月或合同约定支付周期）施工进度计划，明确阶段性工程量（款）完成计划。阶段性施工进度计划应经项目监理机构审核批准后予以实施。

项目监理机构应建立工程量（款）台账，比较实际完成量与计划完成量，分析发生偏差的原因，及时向建设单位和施工单位提出相应的处理意见或建议，从而采取措施调整或修改阶段性施工进度计划或施工总进度计划。项目监理机构应在监理月报中予以反映。

5.3.5　[条文] 项目监理机构按下列要求对工程量进行计量：

1　当建设工程施工合同无约定时，工程量计量宜每月计量一次，计量周期宜为上月26日至本月25日。根据专业监理工程师签认的已完工程量，审核签署施工单位报送的《工程款支付报审表》。

2　对某些特定的分项、分部工程的计量方法，可由项目监理机构、建设单位和施工单位根据合同约定协商确定。

3　对一些不可预见的工程量，如地基处理、地下不明障碍物处理等，项目监理机构应会同建设单位、施工单位等相关单位按实际工程量进行计量，并留存影像资料。

《工程款支付报审表》应符合本规程附录B中B.2.10的要求。

[条文解析] 本条明确了项目监理机构进行工程量计量的时间、内容和要求。

工程量计量应按照合同约定的工程量计算规则、图纸及变更指示等进行计量。工程量计算规则应以相关的国家标准、行业标准等为依据，由合同当事人在专用合同条款中约定。除专用合同条款另有约定外，工程量的计量按月进行，施工单位应于每月25日向项目监理机构报送上月 20 日至当月 19 日已完成的工程量报告，并附具进度付款申请单、已完成工程量报表和有关资料。

项目监理机构应在收到施工单位提交的工程量报告后 7 天内完成对施工单位提交的工程量报表的审核并报送建设单位，以确定当月实际完成的工程量。项目监理机构对工程量有异议的，有权要求施工单位进行共同复核或抽样复测。施工单位应协助项目监理机构进行复核或抽样复测，并按项目监理机构要求提供补充计量资料。施工单位未按项目监理机构要求参加复核或抽样复测的，项目监理机构复核或修正的工程量视为承包人实际完成的工程量。

对建设工程施工合同中没有约定的某些特定的分项、分部工程的计量方法，项目监理机构应与建设单位、施工单位根据合同专用条款约定进行充分协商确定。

对一些不可预见的工程量，如地基处理、地下不明障碍物处理等，项目监理机构应会同建设单位、施工单位等相关单位在此部分工程量发生时三方现场确认，按实际工程量进行计量，并留存影像资料。

5.3.6 ［条文］项目监理机构应按下列程序进行工程款支付审核：

1 工程预付款支付：施工单位填写《工程款支付报审表》，报项目监理机构。专业监理工程师提出审查意见，总监理工程师审核是否符合建设工程施工合同的约定，并签署《工程款支付证书》。

2 工程进度款支付：施工单位填写《工程款支付报审表》，报项目监理机构。专业监理工程师应依据工程量清单对施工单位申报的工程量和支付金额进行复核，确定实际完成的工程量及应支付的金额。总监理工程师对专业监理工程师的审查意见进行审核，签认《工程款支付证书》。

3 变更款和索赔款支付：施工单位按合同约定填报《工程变更费用报审表》和《费用索赔报审表》，报项目监理机构，项目监理机构应依据建设工程施工合同约定对施工单位申报的工程变更的工程量、变更费用以及索赔事实、索赔费用进行复核，总监理工程师签署审核意见，签认后报建设单位审批。

4 竣工结算款支付：专业监理工程师应对施工单位提交的竣工结算资料进行审查，提出审查意见，总监理工程师对专业监理工程师的审查意见进行审核，根据各方协商一致的结论，签发竣工结算《工程款支付证书》。

《费用索赔报审表》应符合本规程附录 B 中 B.2.9 的要求，《工程款支付证书》应符合本规程附录 B 中 B.1.8 的要求。

［条文解析］本条明确了项目监理机构对工程款支付申请进行审核、支付的程序和要求。

项目监理机构审核工程预付款的支付应按照建设工程施工合同专用合同条款约定执行，符合合同约定的总监理工程师应及时签发预付款支付证书。除专用合同条款另有约定外，预付款在进度付款中同比例回扣。在颁发工程接收证书前，提前解除合同的，尚未扣完的预付款应与合同价款一并结算。预付款应当用于材料、工程设备、施工设备的采购及修建临时工程、组织施工队伍进场等。

项目监理机构应及时审查施工单位提交的工程进度款支付申请，进行工程计量，并与建设单位、施工单位沟通协商一致后，由总监理工程师签发工程款支付证书。项目监理机构对施工单位提交的进度款支付申请应审核以下内容：截至本次付款周期末已实施过程的合同价款；增加和扣减的变更金额；增加和扣减的索赔金额；支付的预付款和扣减的返还预付款；扣减的质量保证金；根据合同应增加和扣减的其他金额。项目监理机构应按照建设工程施工合同约定从施工单位的进度款中，按专用合同条款的约定扣留质量保证金，直至扣留的质量保证金总额达到专用合同条款约定的金额或比例为止。质量保证金的扣减额度不包括预付款的支付、扣回以及价格调整的金额。

专业监理工程师具体负责对施工单位在工程款支付报审表中提交的工程量和支付金额进行复核，包括进行现场计量以确定实际完成的合格工程量，进行单价或价格的复核与核定等，提出到期应支付给施工单位的金额，并附上工程变更、工程索赔等相应的支持性材料。专业监理工程师在复核过程中应及时、客观地与施工单位进行沟通和协商，对施工单位提交的工程量和支付金额申请的复核情况最终形成审查意见，提交总监理工程师审核。

总监理工程师应充分熟悉和了解建设工程施工合同约定的工程量计价规则和响应的支付条款，对专业监理工程师的审查、复核工作进行指导和帮助，对专业监理工程师的审查意见提出审核意见，同意签认后报建设单位审批。

建设单位作为项目投资主体，承担响应的工程款审核职责，项目监理机构应根据建设工程施工合同和建设工程监理合同的相应条款协助建设单位审核工程款。建设单位根据总监理工程师的审核意见及建议最终合理确定工程款的支付金额。

总监理工程师应根据建设单位审批确定的工程款支付金额签发工程款支付证书。项目监理机构应建立工程款审核、支付台账。对项目监理机构审核与建设单位审批结果不一致的地方做好相应的记录，注明差异产生的原因。

项目监理机构在审核工程变更款支付时，对于建设工程施工合同中已有适用于变更工程价格的按合同已有的价格计算变更价款，合同中有类似于变更工程价格的可参照类似价格计算变更价款，合同中没有适用或类似于变更工程价格的依据总监理工程师与建设单位、施工单位就工程变更费用充分协商达成一致的价格计算变更价款。如协商不能达成一致的，由总监理工程师按照成本价加利润的原则确定工程变更的合理单价或价款作为临时性依据计算变更价款，解决进度款支付问题，如有异议按照建设工程施工合同约定的争议程序处理。

项目监理机构在审核索赔款支付时，应按照索赔处理有关规定和建设工程施工合同约定审核索赔成立的条件，妥善受理、准确批准。处理费用索赔应注意时效，应审核施工单位的索赔意向通知书和索赔报告是否都在施工合同约定的期限内完成，当索赔事件具有持续影响的，还应审核施工单位是否按合理时间间隔继续递交延续索赔通知，说明持续影响的实际情况和记录，列出累计的追加付款金额。索赔费用确定应依据建设工程施工合同所确定的原则和工程量清单，并与相关方沟通协商取得一致。总监理工程师在签发索赔报审表时可附一份索赔审查报告，说明受理索赔的日期、索赔要求、索赔过程、确认的索赔理由和合同依据、批准的索赔金额及计算方法等。

项目监理机构在收到施工单位上报的工程结算款支付申请后，总监理工程师应组织专业监理工程师分析竣工结算的编制方式、取费标准、计算方法等是否符合工程结算规定和建设工程施工合同约定的方式，并根据竣工图纸、设计变更、工程变更、工程签证等对竣工结算中的工程量、单价进行审核，专业监理工程师提出审查意见后提交总监理工程师审核。专业监理工程师在审查过程中应及时、客观地与施工单位进行沟通和协商，力求形成一致意见；对不能达成一致意见的，做好相应记录，注明差异产生的原因，供总监理工程师审核时决策。

总监理工程师应对专业监理工程师的审查工作进行指导和帮助，对专业监理工程师的审查意见提出审核意见，并最终形成工程竣工结算审核报告，签认后报建设单位审批，同时抄送施工单位。总监理工程师在竣工结算审核过程中，应将结算价款审核过程中发现的问题向建设单位和施工单位做好解释、协商工作，力求达成一致意见。如果建设单位、施工单位没有异议，总监理工程师应根据建设单位批准的工程结算价款支付金额签发工程结算款支付证书；如不能达成一致意见，应按工程结算相关规定和建设工程施工合同约定的处理方式，即按照施工合同约定的起诉、仲裁等条款解决争议。

6　安全生产管理的监理工作

6.1　一般规定

6.1.1　［条文］工程监理单位应根据相关法律法规、工程建设强制性标准，履行建设工程安全生产管理的监理职责。

　　［条文解析］本条规定了监理单位履行安全生产管理的监理职责的依据。

6.1.2　［条文］工程监理单位应建立安全生产管理的监理管理体系。工程监理单位的相关负责人应对本单位所承接监理项目安全生产管理的监理工作负责，总监理工程师应对所监理项目的安全生产管理的监理工作负责。

　　［条文解析］本条规定了监理单位应建立安全生产管理的监理管理体系，规定了监理单位相关负责人和总监理工程师应承担职责的范围。

6.1.3　［条文］项目监理机构应依据相关规定和建设工程监理合同的约定，安排专职或兼职监理人员，负责安全生产管理的监理工作。负责安全生产管理的监理人员应经过专业培训。

　　［条文说明］实施对施工单位安全生产管理的监理工作，宜标准化。

　　［条文解析］本条规定了专职或兼职负责安全生产管理的监理人员，应依据本市有关规定执行。对于重点工程、超过一定建筑规模的项目，以及监理单位认为有必要的，应设置专职负责安全生产管理的监理人员。

6.1.4　［条文］项目监理机构对施工单位安全生产管理的监督检查，不替代施工单位的安全生产管理工作。

　　［条文解析］本条规定意图是突出施工单位的主体责任，监理的管理是辅助的、"再保险"性质的。根据《中华人民共和国安全生产法》"谁生产谁负责"的精神，施工单位是安全生产管理的主责单位。

6.1.5　［条文］工程监理单位相关负责人、总监理工程师、专业监理工程师和负责安全生产管理的监理人员依据《建设工程安全生产管理条例》承担相应的监理责任。

　　［条文解析］本条规定了监理单位和项目监理机构各岗位人员的职责。各专业监理工程师负责本专业施工范围的安全生产管理的监理工作，实行"一岗双责"和"全员负责"。

6.1.6　［条文］涉及安全生产管理监理工作的文件编制应符合下列要求：

　　1　监理规划中应包含安全生产管理的监理工作内容、方法和措施，明确应编制监理实施细则的分部分项工程或施工部位。

　　2　对危险性较大分部分项工程，项目监理机构应编制监理实施细则。

　　3　监理实施细则应针对施工单位编制的专项施工方案和现场实际情况，明确监理人员的分工和职责、监理工作的方法和手段、监理检查重点和检查频率的要求。

　　［条文解析］本条对安全生产管理监理工作的文件编制做出了规定。

6.1.7　［条文］对超过一定规模的危险性较大分部分项工程，项目监理机构应参加专项施工方案的专家论证。

［条文解析］本条规定项目监理机构应参加危险性较大分部分项工程的专家论证，总监理工程师应参会，且不得委托总监理工程师代表代为参会。

6.1.8 ［条文］项目监理机构应督促检查安全文明施工费的专款专用落实情况。

［条文说明］工程监理单位应当对施工单位落实安全防护、文明施工措施情况进行现场监理。对施工单位已经落实的安全防护、文明施工措施，总监理工程师或者造价控制的专业监理工程师应当及时审查并签认所发生的费用。工程监理单位发现施工单位未落实施工组织设计及专项施工方案中安全防护和文明施工措施的，有权责令其立即整改；对施工单位拒不整改或未按期限要求完成整改的，工程监理单位应当及时向建设单位和建设行政主管部门报告，必要时责令其暂停施工。

［条文解析］按照相关规定，安全文明施工费应足额及时拨付，不得让利。但要防止建设单位拨付的安全文明施工费不能足额用于现场的安全维护和安全文明设施，为此项目监理机构对于安全维护和安全文明设施不到位的，应要求施工单位采取措施进行整改，直到设施到位。

6.1.9 ［条文］施工安全生产管理的监理资料应符合《建设工程施工现场安全资料管理规程》DB11/383 的规定。

［条文解析］本条规定，对于安全生产管理的监理资料应执行本市《建设工程施工现场安全资料管理规程》DB11/383 的规定。

6.2 项目监理机构安全生产管理的监理职责

6.2.1 ［条文］项目监理机构应建立健全安全生产管理的监理岗位责任制。总监理工程师、专业监理工程师和专职或兼职负责安全生产管理的监理人员应依据《建设工程安全生产管理条例》承担相应的监理责任。

［条文解析］本条对项目监理机构主要岗位人员的安全生产管理责任进行了原则性规定。

6.2.2 ［条文］总监理工程师应履行下列安全生产管理的监理工作职责：

1 对所监理工程项目的安全生产管理的监理工作全面负责。

2 确定项目监理机构的安全生产管理的监理人员，明确其工作职责。

3 主持编写监理规划中的安全生产管理的监理工作部分，审批安全生产管理的监理实施细则。

4 审核并签发有关安全生产管理的监理通知单。

5 审批施工组织设计和专项施工方案，组织审查和批准施工单位提出的安全技术措施及工程项目生产安全事故应急预案。

6 审批《施工现场起重机械拆装报审表》和《施工现场起重机械验收核查表》。

7 签署安全防护、文明施工措施费用支付证书。

8 签发涉及安全生产管理的监理的《工程暂停令》和《监理报告》。

9 检查安全生产管理的监理工作落实情况。

［条文解析］本条规定了总监理工程师的安全生产管理的监理工作职责。

6.2.3 ［条文］总监理工程师代表应根据总监理工程师的授权，行使总监理工程师的部分职责和权力，并应履行相应的安全生产管理的监理工作职责。

总监理工程师不得将下列工作委托总监理工程师代表：

1 对所监理工程项目的安全监理工作全面负责。

2 主持编写监理规划中的安全生产管理的监理工作部分，审批监理实施细则。

3 签署《安全防护、文明施工措施费用支付证书》。

4 签发《工程暂停令》和《监理报告》。

[条文解析] 本条用排除法规定了总监理工程师代表的安全生产管理的监理工作职责。

6.2.4 [条文] 专职或兼职负责安全生产管理的监理人员应履行下列岗位职责：

1 编写监理规划中的安全生产管理的监理工作内容及监理实施细则。

2 审查施工单位报送的营业执照、企业资质和安全生产许可证。

3 审查施工单位安全生产管理的组织机构，查验安全生产管理人员的安全生产考核合格证书和特种作业人员岗位资格证书。

4 审查施工组织设计中的安全技术措施和专项施工方案。

5 检查施工单位安全培训教育记录和安全技术措施的交底情况。

6 检查施工单位制定的安全生产责任制度、安全检查制度和事故报告制度的执行情况。

7 审查施工起重机械拆卸、安装和验收手续，签署相应表格；检查定期检测情况。

8 对施工现场进行安全巡视检查，填写监理日志；发现问题及时向专业监理工程师通报，并向总监理工程师报告。

9 主持召开安全生产管理专题监理会议。

10 起草并经总监理工程师授权签发有关安全生产管理的监理通知单。

11 编写监理月报中的安全生产管理的监理工作内容。

[条文解析] 本条规定了专职或兼职负责安全生产管理监理人员的监理工作职责。

6.2.5 [条文] 专业监理工程师应履行下列安全生产管理的监理工作职责：

1 参与编写安全生产管理的监理实施细则。

2 审查施工组织设计或施工方案中本专业的安全技术措施。

3 审查本专业的危险性较大的分部分项工程的专项施工方案。

4 检查本专业施工安全状况，发现问题向负责安全生产管理的监理人员通报或向总监理工程师报告。

5 参加本专业安全防护设施检查、验收并在相应表格上签署意见。

[条文解析] 本条规定了专业监理工程师的安全生产管理监理工作职责。

6.3 安全生产管理的监理工作审查内容及程序

6.3.1 [条文] 施工单位应在施工前向项目监理机构报送施工组织设计/（专项）施工方案，并填写《施工组织设计/（专项）施工方案报审表》；施工组织设计中应包含安全技术措施、施工现场临时用电方案及本工程危险性较大的分部分项工程专项施工方案等的编制计划。

[条文解析] 本条规定了施工单位报送施工组织设计和专项施工方案的要求。

6.3.2 [条文] 专项施工方案应当组织专家论证的，施工单位应将论证报告作为专项施工方案的附件报送项目监理机构。

［条文解析］本条规定了专家论证方案的报送要求。

6.3.3 ［条文］项目监理机构应审查施工组织设计中的安全技术措施，审查内容主要包括：

1 施工组织设计的编制、审核程序是否符合相关规定。

2 安全技术措施和安全防护措施的内容是否符合工程建设强制性标准。

3 施工总平面布置是否符合有关安全、消防的要求。

4 是否正确识别并列明危险性较大分部分项工程，并按照相关规定制定专项施工方案的编制计划。

5 是否有季节性施工对安全生产管理影响的相关内容。

6 是否编制了生产安全事故应急预案。

［条文解析］本条规定了项目监理机构审查施工组织设计中的安全技术措施的主要内容。

6.3.4 ［条文］项目监理机构应审查危险性较大分部分项工程专项施工方案，审查内容主要包括：

1 专项施工方案的编制、审核程序是否符合相关规定。

2 专项施工方案的内容是否符合工程建设强制性标准。

3 对超过一定规模的危险性较大分部分项工程专项施工方案是否经过专家论证。

4 专项施工方案是否根据专家论证意见进行了完善。

［条文解析］本条规定了项目监理机构审查危险性较大分部分项工程专项施工方案的主要内容。

6.3.5 ［条文］起重机械安装和拆除应履行下列报审验收程序：

1 起重机械安装前，项目监理机构应对施工单位报送的《施工现场起重机械拆装报审表》及所附资料进行程序性核查，符合要求后方可安装。

2 起重机械安装完成后，总监理工程师应组织监理人员对其验收程序进行核查，并在施工单位报送的《施工现场起重机械验收核查表》上签署意见。

3 起重机械拆卸前，项目监理机构应对施工单位报送的《施工现场起重机械拆装报审表》及所附资料进行程序性核查，符合要求后方可拆卸。

［条文解析］本条规定了起重机械安装和拆除的报审验收程序。

6.3.6 ［条文］项目监理机构应对施工单位报送的除起重机械以外的其他施工机械的验收资料进行复核，并签署意见。

［条文解析］本条规定了项目监理机构对施工单位报送的其他施工机械的验收资料进行复核的要求。

6.3.7 ［条文］项目监理机构应对落地式脚手架、工具式脚手架、钢管扣件式支撑体系等安全设施的验收资料进行复核，并签署意见。

［条文解析］本条规定了项目监理机构对脚手架、支撑体系等安全设施的验收资料进行复核的要求。

6.3.8 ［条文］安全防护、文明施工措施项目费用的报审程序：

1 施工单位应在开工前向项目监理机构提交安全防护、文明施工措施项目清单及费用清单，并填写《安全防护、文明施工措施费用支付申请表》。

项目监理机构应依据施工合同的约定审核施工单位提出的预付款支付申请，由总监理工程师签发《安全防护、文明施工措施费用支付证书》。

2 施工单位应在施工过程中落实安全防护、文明施工措施，并经自检合格后填写《安全防护、文明施工措施费用支付申请表》，附安全防护、文明施工措施落实清单。

项目监理机构应依据合同约定和施工单位提交的安全防护、文明施工措施落实清单进行审查，由总监理工程师签发《安全防护、文明施工措施费用支付证书》。

［条文解析］本条规定了安全防护、文明施工措施项目费用的报审程序。

6.4　安全生产管理的监理工作检查内容及程序

6.4.1　［条文］项目监理机构应核查施工单位的安全生产许可证，检查施工单位和分包单位的安全生产管理协议签订情况。

［条文解析］本条规定了核查安全生产许可证和分包单位安全管理协议的要求。

6.4.2　［条文］项目监理机构应审查施工单位现场安全生产管理体系：

1 安全生产管理机构的设置应符合相关规定，安全管理目标应符合建设工程施工合同的约定。

2 应建立健全施工安全生产责任制度、安全检查制度、应急响应制度和事故报告制度等。

3 施工单位项目负责人的执业资格证书和安全生产考核合格证书应齐全有效。

4 专职安全生产管理人员的配备数量应符合相关规定，其安全生产考核合格证书应有效。

5 特种作业人员岗位资格证书应有效。

［条文解析］本条规定了项目监理机构对施工单位现场安全生产管理体系的审查内容。

6.4.3　［条文］检查施工单位现场安全生产管理体系运行情况，并记入监理日志：

1 检查现场专职安全生产管理人员到岗情况。

2 检查对进场作业人员的安全教育培训记录。

3 检查施工前工程技术人员对作业人员进行安全技术交底的记录。

4 抽查现场特种作业人员的持证上岗情况。

［条文解析］本条规定了项目监理机构检查施工单位现场安全生产管理体系运行情况的要求。

6.4.4　［条文］项目监理机构应对施工现场安全管理情况进行巡视，主要内容包括：

1 抽查专项施工方案的实施情况。

2 抽查现场专职安全管理人员到岗情况。

3 抽查现场特种作业人员是否持证上岗。

4 抽查安全设施的设置是否符合相关规定。

［条文解析］本条规定了项目监理机构对施工现场安全管理情况进行巡视的主要内容。

6.4.5　［条文］项目监理机构对施工单位起重机械管理的监理工作主要内容包括：

1 检查施工单位是否编制了施工起重机械安装、拆卸专项施工方案，编制、审核程序是否符合相关规定。

2 施工起重机械安装、拆卸前，核查安装、拆卸单位的企业资质、租赁合同、设备的定期检测报告及特种作业人员岗位证书。

3 安装完毕后，应核查施工单位的安装验收和检测、备案手续，符合要求后同意使用。

4 施工起重机械使用过程中，应抽查特种作业人员持证上岗情况。

5 塔式起重设备进行顶升作业时，应核查是否符合专项施工方案要求。

［条文解析］本条规定了项目监理机构对施工单位起重机械管理的监理工作主要内容。

6.4.6 ［条文］项目监理机构应按照监理规划、监理实施细则的要求，对下列危险性较大的分部分项工程的资料及实体进行检查：

1 基坑支护、降水工程。

2 土方开挖工程。

3 模板工程及支撑体系。

4 起重吊装及安装拆卸工程。

5 脚手架工程。

6 拆除、爆破工程。

7 其他危险性较大的分部分项工程。

［条文解析］本条规定了项目监理机构应对危险性较大的分部分项工程进行检查的要求。

6.4.7 ［条文］项目监理机构应对临时用电、临时消防等安全设施的验收资料进行检查并签署意见。

［条文说明］项目监理机构应对临时用电、临时消防等安全设施的验收资料进行检查并签署意见。

［条文解析］本条规定了项目监理机构对临时用电、临时消防等安全设施的验收资料进行检查的要求。

6.4.8 ［条文］项目监理机构在施工安全生产管理的监理工作中，发现存在安全事故隐患的，应要求施工单位整改；情况严重的，应要求施工单位暂时停止施工，并及时报告建设单位；施工单位拒不整改或者不停止施工的，项目监理机构应及时向主管部门提交《监理报告》。

《监理报告》的格式应符合本规程附录 B 中 B.1.5 的要求。

［条文解析］本条规定了《监理报告》的基本程序。

6.5 危险性较大分部分项工程的监理工作内容及要求

6.5.1 ［条文］危险性较大分部分项工程施工前安全生产管理的监理工作内容主要包括：

1 审核施工组织设计中危险性较大的分部分项工程是否漏项。

2 审查施工单位编制的危险性较大分部分项工程专项施工方案是否符合强制性标准的规定。

3 对于超过一定规模的危险性较大的分部分项工程，总监理工程师应参加专家论证会并督促施工单位按照论证报告要求修改完善专项施工方案。

4 专项施工方案经论证后需做重大修改的，应督促施工单位重新组织专家论证。

5 编制危险性较大分部分项工程的监理实施细则，明确危险性较大分部分项工程安全生产管理的监理工作责任人、检查项目、检查方法和检查频率。

6　按监理实施细则对危险性较大分部分项工程实施监理。

[条文解析] 本条规定了在危险性较大分部分项工程施工前，项目监理机构应做的主要工作。

6.5.2　[条文] 项目监理机构对危险性较大分部分项工程实施过程中的监理工作应符合下列要求：

1　依据工程建设强制性标准、专项施工方案及监理实施细则对危险性较大的分部分项工程实施监理工作。按照监理实施细则中明确的检查项目、方法和频率进行安全检查，并记录检查情况。

2　对于按规定需要验收的危险性较大的分部分项工程，项目监理机构应参加施工单位组织的验收。验收合格经施工单位项目技术负责人及项目总监理工程师签字后，方可进入下一道工序。

3　督促施工单位严格按照经审批的专项施工方案组织施工，不得擅自修改、调整专项施工方案，如因设计变更、施工条件变化等确需修改的，项目监理机构应要求施工单位对修改、调整后的专项施工方案重新组织审批或论证。

4　对施工单位不按专项施工方案实施、存在安全隐患的，应当要求整改，施工单位拒不整改的，应当及时向建设单位书面报告，并在征得监理单位同意后，按有关规定向政府主管部门报告。

[条文解析] 本条规定了项目监理机构对危险性较大分部分项工程实施过程中的监理工作要求。

6.5.3　[条文] 项目监理机构对超过一定规模的危险性较大分部分项工程实施过程中的监理工作应符合下列要求：

1　对于基坑工程，项目监理机构应通过原材料进场检验、隐蔽工程验收、混凝土工程旁站等手段实施监理，并应督促施工单位和第三方监测单位按照监测方案落实监测工作。

2　对于模板工程及支撑体系，项目监理机构应在安装前对所用原材料进行抽查，不符合相关标准的不得使用；安装过程中定期巡视，检查是否按专项施工方案施工，安装完成后参加验收，对发现的问题督促施工单位整改。

3　对于起重吊装及起重机械安装拆卸工程，项目监理机构应检查相关单位企业资质、作业人员上岗资格、设备的定期检测报告，检查相关单位是否按照专项施工方案要求作业，检查现场各项安全措施是否落实。

4　对于脚手架工程，项目监理机构应检查专项施工方案的落实情况，检查作业人员上岗资格，参加脚手架工程的验收，签署监理意见。

5　对于拆除、爆破工程，项目监理机构应检查施工单位企业资质、作业人员上岗资格以及专项施工方案落实情况。

6　对于其他超过一定规模的危险性较大分部分项工程，项目监理机构应按照有关规定开展监理工作。

[条文说明] 其他危险性较大的分部分项工程应按住房城乡建设部建质 [2009] 87 号文中规定的具体范围确定。

[条文解析] 本条规定了项目监理机构对超过一定规模的危险性较大分部分项工程实施过程中的监理工作要求。

7 合同管理、信息管理与组织协调

7.1 一般规定

7.1.1 ［条文］项目监理机构应按建设工程监理合同约定，依据建设单位和施工单位签订的建设工程施工合同文件进行建设工程施工合同管理，处理工程变更、工程延期、索赔及建设工程施工合同争议、解除等事宜。

［条文解析］本条明确了项目监理机构进行合同管理的依据。

监理的合同管理工作不仅仅局限于收集合同、按照合同约定进行工作、处理工程变更、工程延期、索赔及建设工程施工合同争议、解除等事宜，还应包括合同分析、协助建设单位招投标、确定合同类型、审查相关合同条款、合同签订等工作。合同管理是贯穿全过程咨询和整个监理过程的重要工作，是项目监理机构工作的首要依据。通过合同管理做好建设单位的参谋和参建各方的润滑剂。

项目监理机构进场后应主动收集与工程有关的合同，包括建设工程施工合同、招投标文件、专业承包合同、采购合同等，并对合同条款进行分析整理，做好项目监理机构内部的交底工作，依据合同开展监理工作。

项目监理机构应在开工前根据工程特点、设计文件、建设工程监理合同确定合同管理目标，做好风险分析，提出应对措施。确定合同管理制度、程序、方法和措施，明确合同管理人员和岗位职责。

项目监理机构在监理过程中应做好跟踪，并检查合同执行情况，发现问题及时处理，避免发生合同争议，提高合同履约率。

对于合同信息做好记录、搜集、整理和分析工作。

在合同管理中，项目监理机构应重视时效性。

7.1.2 ［条文］建设工程监理及相关服务应实施信息化管理。项目监理机构应建立完善监理文件资料管理制度，明确监理文件资料管理人员，及时、准确、完整地收集、整理、编制、传递、归档、保存监理文件资料。

监理文件资料应符合北京市地方标准《建筑工程资料管理规程》DB11/T 695 和相关标准的要求。

［条文解析］本条明确了项目监理机构信息管理的要求。

鼓励监理单位和项目监理机构运用互联网＋、计算机信息化技术进行监理文件资料管理和项目管理。

监理文件资料是工程建设过程中项目监理机构工作质量的重要体现，是工程质量竣工验收的必备条件，是城建档案的重要组成部分，是验证建设工程监理合同履行的重要书面依据，是验证和判断监理单位和监理人员有无失职责任的重要书面依据，因此，监理文件资料的编制、收集、传递、日常管理和保存，直至竣工后的档案分类整理、组卷、装订、向有关部门交付或归档，应实行科学化、规范化、标准化、程序化管理。

7.1.3 ［条文］项目监理机构应以建设工程监理合同及相关合同文件为依据，协调工程建设相关方的关系。

[条文解析]本条明确了项目监理机构组织协调的依据。

工程各方的联系是通过合同关系建立起来的，因此项目监理机构应按照建设工程监理合同范围、工作内容、权利和义务、协议条款等协调工程建设相关方关系。

7.2 合同管理

7.2.1 [条文]项目监理机构对工程变更的处理应符合下列规定：

1 对施工单位提出的涉及工程设计文件修改的工程变更，项目监理机构应提出审查意见，由建设单位转交设计单位确认。

2 建设单位提出的工程变更，由建设单位交设计单位确认，并出具设计变更文件。

3 设计单位提出的工程变更，项目监理机构可提出意见，由建设单位确认。

4 项目监理机构根据批准的工程变更文件监督施工单位实施工程变更。

[条文解析]本条明确了项目监理机构对涉及设计文件的修改工程变更的处理和确认程序。

对于涉及设计文件修改的工程变更包括《设计变更通知单》和《工程洽商记录》。

在《建设工程施工合同（示范文本）》GF-2017-0201中，工程变更包括合同履行过程中合同约定的工作内容变化，《设计变更通知单》和《工程洽商记录》仅是工程变更的一部分。对于不涉及设计文件修改的变更，应采用《工程变更单》形式，无论谁提出均需通过项目监理机构发出。这种变更建设单位、设计单位、施工单位、项目监理机构均可提出，但项目监理机构提出的应征得建设单位同意。

《设计变更通知单》一般用于建设单位和设计单位提出设计文件修改。由设计单位和建设单位提出变更，设计单位出具设计变更文件，项目监理机构对费用和工期进行评估，总监理工程师组织建设单位和施工单位协商费用和工期，达成一致，进行会签，施工单位实施。

《工程洽商记录》一般用于施工单位因施工工艺和方法导致设计文件修改的工程变更。由施工单位提出，报项目监理机构审查，并对费用和工期进行评估，同意后报建设单位审查，总监理工程师组织建设单位和施工单位协商费用和工期，达成一致，进行会签，施工单位实施。

施工单位认为可以执行工程变更的，应当书面说明实施该工程变更对合同价格和工期的影响，且建设单位与施工单位应当按合同约定确定变更估价。

7.2.2 [条文]施工单位提出工程变更，当涉及费用和工期变化时，应符合下列程序：

1 施工单位应向项目监理机构报审工程变更，并对涉及费用及工期变化的内容进行说明。

2 项目监理机构对工程变更费用及工期影响作出评估。

3 项目监理机构组织建设单位、施工单位共同协商确定工程变更费用及工期变化，协商一致时，会签工程变更文件。

4 建设单位与施工单位未能就工程变更费用达成协议时，项目监理机构可提出一个暂定价格并经建设单位同意，作为临时支付工程款的依据。工程变更款项最终结算时，应以建设单位与施工单位达成的协议为依据。

[条文说明] 费用和工期变化是工程变更对工程的实质性影响，需要规范管理。在一般情况下，工程变更的规范化管理内容为：

1 工程变更文件的附件一般包括以下内容：

1）变更内容说明（含必要性、具体内容等）。

2）有关会议纪要及其他可作为依据的文件（联系单、委托函等）。

3）变更引起的工程量变化分析。

4）变更引起的合同价款的增减估算，估算应科学、精细。

5）变更对工期、接口的影响分析。

6）必要的附图及计算资料。

7）所影响的图纸名称、编号。

8）其他变更说明资料等。

2 《工程变更费用报审表》附件一般包括以下内容：

1）经审批的《工程变更单》。

2）变更过程现场影像资料。

3）变更工程验收合格证明。

4）工程量现场确认单（含现场测量记录和影像资料）。

5）变更单价组成明细表。

3 《工程变更洽商记录》，其附件一般包括以下内容：

1）洽商方案说明（含必要性、具体方案等）。

2）有关会议纪要和联系单、委托函等。

3）洽商引起的工程量变化分析。

4）洽商引起的合同价款的增减估算，估算应科学、精细。

5）洽商对工期、接口的影响分析。

6）必要的附图及计算资料。

7）其他洽商需要的支持性资料等。

[条文解析] 本条明确了项目监理机构对于施工单位提出工程变更涉及的费用和工期变化的处理程序和要求。

除非建设工程施工合同另有约定，项目监理机构宜事先与建设单位、施工单位协商确定工程变更的价款或计算价款的原则、方法和处理流程。根据《建设工程施工合同（示范文本）》GF-2017-0201施工单位应在收到工程变更后14天内，向项目监理机构提交变更估价申请，项目监理机构应在收到施工单位提交的变更估价申请后7天内审查完毕并报送建设单位审批。项目监理机构对变更估价申请有异议的，通知施工单位修改后重新提交。建设单位应在施工单位提交变更估价申请后14天内审批完毕。建设单位逾期未完成审批或未提出异议的，视为认可施工单位提交的变更估价申请。

项目监理机构在处理工程变更费用时，应特别注意合同约定的时效，以避免不必要的争议和索赔。

7.2.3 [条文] 发生下列情况之一时，总监理工程师应及时签发工程暂停令：

1 建设单位要求暂停施工或工程需要暂停施工的。

2 施工单位未经批准擅自施工或拒绝项目监理机构管理的。

3　施工单位未按审查通过的工程设计文件施工的。

4　施工单位违反工程建设强制性标准，未按经审批的施工方案、专项施工方案施工且拒不改正的。

5　建筑材料、设备及构配件未经验收或验收不合格擅自用于工程的；项目监理机构提出检查要求的工序未经检查或检查不合格进入下道工序施工的；隐蔽工程未经验收或验收不合格进行隐蔽的。

6　分包单位未经审批进场施工的。

7　施工存在重大质量、安全事故隐患或发生质量、安全事故的。

［条文说明］本条款对工程暂停令发签发条件情况，根据北京市建设工程的实际情况进行了补充：从施工单位（分包单位）、原材料（建筑材料、设备及构配件未经验收或验收不合格擅自用于工程的）、工序检查、隐蔽工程验收方面，予以严格的管理。同时对执行强条进行了补充：施工方案必须审批且严格执行。

［条文解析］本条明确了项目监理机构应签发《工程暂停令》的 7 种情况。

符合以上规程条文要求情况之一的项目监理机构应签发《工程暂停令》，除非紧急事件，宜先发《监理通知》等指令文件，拒不改正的或情节特别严重的，签发《工程暂停令》。

项目监理机构签发《工程暂停令》应有理有据，及时收集相关资料和影像资料，做好记录。

7.2.4　［条文］总监理工程师签发《工程暂停令》应符合下列规定：

1　应根据停工原因的影响范围和程度，确定暂停施工的范围。

2　签发《工程暂停令》应事先征得建设单位同意；在紧急情况下应事后及时向建设单位报告。

3　紧急情况下，应口头通知施工单位暂停施工，并及时补发《工程暂停令》。

《工程暂停令》应符合本规程附录 B 中 B.1.6 的要求。

［条文说明］本条款依据 GB 50319 之 6.2.1、6.2.3 条款，增加了对"紧急情况下"的工程暂停令的处理许可。紧急情况应指：监理发现重大质量、安全事故隐患或发生质量、安全事故。

［条文解析］本条明确了总监理工程师签发《工程暂停令》的要求。

项目监理机构签发《工程暂停令》前，应根据合同相关条款对因停工造成影响的范围、程度、工期、费用进行评估，合理确定停工范围。

签发《工程暂停令》应事先征得建设单位同意，若建设单位不同意，应向建设单位发出书面意见，并做好记录。紧急情况下，建设单位仍然不同意，项目监理机构应向监理单位和政府主管部门报告。

因紧急情况需暂停施工，且项目监理机构未及时下达《工程暂停令》的，施工单位可先暂停施工，并通知项目监理机构，项目监理机构应在接到通知后 24 小时内发出《工程暂停令》，逾期未发出《工程暂停令》，视为同意施工单位暂停施工。项目监理机构不同意施工单位暂停施工的，应说明理由，并及时发出书面意见。

7.2.5　［条文］因施工单位原因暂停施工的，项目监理机构应及时检查施工单位的停工整改过程，验收整改结果。

［条文解析］本条明确了处理因施工原因暂停施工的工作要求。

由总监理工程师组织专业监理工程师对工程暂停因素进行核查。项目监理机构对于停工整改前、整改过程、整改后均应留影像资料，采用巡视、查验、见证、旁站等措施进行监督，及时验收整改结果，并做好记录。

7.2.6 ［条文］当暂停施工原因消除，具备复工条件需要复工时应符合下列规定：

1 施工单位提出复工申请的，项目监理机构应审查施工单位报送的《工程复工报审表》及有关证明材料，符合要求的，应及时签署审查意见，报建设单位批准后签发《工程复工令》。

2 施工单位未提出复工申请的，总监理工程师应根据工程实际情况经建设单位同意签发《工程复工令》，要求施工单位及时恢复施工。

《工程复工报审表》应符合本规程附录B中B.2.5的要求，《工程复工令》应符合本规程附录B中B.1.7的要求。

［条文说明］本条款对工程暂停令发布、施工单位整改、消除工程暂停因素、工程继续进行的程序进行了规定。并对因工程暂停引起的与工期、费用有关的问题按合同约定处理。防止借工程暂停令延迟施工或拖延工期或费用增加。

［条文解析］本条明确了当暂停施工原因消除、具备复工条件需要复工时项目监理机构的工作要求。

总监理工程师组织专业监理工程师对工程暂停因素消除和整改情况进行核查。项目监理机构对工程暂停过程应进行跟踪监控的，在施工单位申报复工时，工程现状及工程暂停原因是否消除应及时判断，因此审批时限不宜过长，建议以3天为限。不同意复工，应以书面形式答复施工单位。

7.2.7 ［条文］项目监理机构应在监理日志中详细记录暂停施工后的相关情况，会同有关各方按建设工程施工合同的约定，处理因工程暂停引起的工期、费用等有关问题。

［条文说明］本条款对监理签发工程暂停令后的工作记录进行了规定：

1 应记录工程暂停令下达的现场状况，包括具体停工时间、部位、影响工班、执行工序、带班管理人员等。

2 执行工程暂停令规定的内容，包括时间、工作面、施工人员、物质投入、简单施工描述、带班管理人员等。

［条文解析］本条明确了项目监理机构发生工程暂停施工还应完成的工作。

因非施工单位原因的工程暂停，项目监理机构更应重视，应首先依据建设工程施工合同对工期和费用进行评估，及时收集资料，包括合同约定条款、施工单位机工料情况、相关会议记录、建设单位指令、影像资料、工程量证明文件等，以应对施工单位的工期和费用索赔。

7.2.8 ［条文］项目监理机构对工程延期的处理应符合下列程序：

1 当施工单位提出工程延期要求符合建设工程施工合同约定时，项目监理机构应予以受理。

2 当影响工期事件具有持续性时，项目监理机构应对施工单位提交的阶段性《工程临时/最终延期报审表》进行审查，并应签署工程临时延期审核意见后报建设单位。

3 当影响工期事件结束后，项目监理机构应对施工单位提交的《工程临时/最终延期报审表》进行审查，并应签署工程最终延期审核意见后报建设单位。

4　项目监理机构在批准工程临时、最终延期前，应与建设单位和施工单位协商，经建设单位批准。

5　施工单位因工程延期提出费用索赔时，应按建设工程施工合同约定处理。

[条文解析] 本条明确了项目监理机构处理工程延期的程序。

受理工程延期申请并不代表同意，项目监理机构不能无理由拒收文件。

工程临时延期报审是影响工期事件具有持续性时，事件发生之初，施工单位向项目监理机构临时申请工期延期，可以作为一种工程延期的通知或告知，所做的工期计算为预估延期。

工程最终延期报审是影响工期事件发生后，施工单位向项目监理机构做最终工期延期申请，批准后的延期作为合同工期的延长，据此施工单位可以修订和调整总进度计划。

施工单位应按照合同约定的时效申报，项目监理机构和建设单位按照约定的时效审批。项目监理机构在处理工程延期时，应特别注意时效性，在接收施工单位申请文件时，应记录接收时间，做好签收；在发出监理意见及返回申请文件时，都应记录发文时间，做好书面签收。

7.2.9　[条文] 批准工程延期应同时满足下列条件：

1　工程延期的提出应在建设工程施工合同约定的期限内。

2　因非施工单位原因造成施工进度滞后影响到建设工程施工合同约定的工期。

[条文解析] 本条明确了项目监理机构批准工程延期的条件。

未在建设工程施工合同约定的期限内提出工程延期，项目监理机构可以不予受理，若受理应书面回复不批准。

对合同工期的影响，施工单位需提供充足的证明，如对于总进度计划＼阶段性进度计划的审批文件、网络计划、对关键线路的影响等。

7.2.10　[条文] 项目监理机构对由施工单位原因造成的工期延误，应按建设工程施工合同的约定进行处理。

[条文说明] 本条款为增加内容，对施工单位的工期应按其总控网络计划进行分阶段、主要节点控制管理，因其自身原因出现的阶段性滞后或延迟，应按合同约定督促其采取措施，加快进度，符合总控网络计划要求。如发现整体计划出现有可能延误时，应提出警示。

[条文解析] 本条明确了项目监理机构处理工期延误的依据。

项目监理机构对于因施工单位造成的工期延误，应以事前控制为主，做好风险分析和预控，及时签发相关指令文件进行警示，建议以单周或双周为频次对工程进度进行监控，及时督促施工单位采取措施进行纠偏。

7.2.11　[条文] 项目监理机构应按下列程序处理施工单位提出的费用索赔：

1　施工单位应在建设工程施工合同约定期限内提交书面费用索赔意向。

2　项目监理机构应及时收集与索赔有关的资料。

3　项目监理机构应受理施工单位在建设工程施工合同约定的期限内提交的索赔报告和《费用索赔报审表》。

4　项目监理机构应审查《费用索赔报审表》。需要施工单位进一步提交详细资料时，应在建设工程施工合同约定的期限内发出通知。

5 建设单位和施工单位协商一致后，在建设工程施工合同约定的期限内由总监理工程师签署《费用索赔报审表》，并由建设单位审批。

6 建设单位和施工单位未能协商一致时，应按建设工程施工合同争议条款解决。

［条文解析］本条明确了项目监理机构处理费用索赔的程序。

工程费用索赔是双向的，既有施工单位提出的索赔，也有建设单位提出的索赔，本规程主要以施工单位索赔为主。

受理费用索赔申请并不代表同意，项目监理机构不能无理由拒收文件。但对建设工程施工合同约定期限（通常为 28 天）外提出的索赔申请，可以不予受理。

项目监理机构应在建设工程施工合同约定的时限（通常为 14 天）内完成审批。需要索赔方进一步提交详细资料时，应在建设工程施工合同约定的期限内向索赔方发出通知。

项目监理机构处理索赔应特别注意合同的时效性。

7.2.12 ［条文］项目监理机构批准施工单位费用索赔应同时满足下列条件：

1 施工单位在建设工程施工合同约定的期限内提出费用索赔。

2 索赔事件是因非施工单位原因造成，且符合建设工程施工合同约定。

3 索赔事件造成施工单位直接经济损失。

［条文解析］本条明确了项目监理机构批准费用索赔的条件。

索赔的费用应是直接经济损失，不包含间接费用。费用索赔均为非索赔方原因造成的费用，非索赔方原因应按照建设工程施工合同约定条款来确定。

7.2.13 ［条文］当施工单位的费用索赔要求与工程延期要求相关联时，项目监理机构可提出费用索赔和工程延期的综合处理意见，并应与建设单位和施工单位协商。

［条文解析］本条明确了项目监理机构费用索赔和工期延期综合处理的要求。

对于同一事件的费用索赔和工期延期应综合处理。项目监理机构应评估影响和风险，有可能只同意工期延期，不同意费用索赔；也可能同意费用索赔不同意延期，也可能都同意，具体应根据建设工程施工合同约定的情况处理。不论哪种结论，均应作出书面说明。

7.2.14 ［条文］因施工单位原因造成建设单位损失，建设单位提出索赔时，项目监理机构应与建设单位和施工单位协商处理。

［条文解析］本条为项目监理机构处理建设单位提出的索赔办法。

建设单位索赔应根据建设工程施工合同约定，与施工单位索赔程序处理基本相同，且需向项目监理机构提出申请，并告知施工单位。

7.2.15 ［条文］项目监理机构处理建设工程施工合同争议时应进行下列工作：

1 了解合同争议情况。

2 及时与合同争议双方进行协商。

3 提出处理方案后，由总监理工程师进行协调。

4 当双方未能达成一致时，总监理工程师应独立、公平地提出处理合同争议的意见。

［条文解析］本条明确了项目监理机构处理建设工程施工合同争议的工作内容。

合同争议的处理应严格按照合同约定程序进行处理，项目监理机构不能随意作出判断，但可以提出建议。

建设单位和施工单位可以就争议进行协商也可以自行和解，自行和解达成协议的经双方签字并盖章后作为合同补充文件，双方均应遵照执行。若未达成和解可以就争议请求建设行政主管部门、行业协会或其他第三方进行调解，调解达成协议的，经双方签字并盖章后作为合同补充文件，双方均应遵照执行。

7.2.16 ［条文］在建设工程施工合同争议处理过程中，对未达到建设工程施工合同约定的暂停履行合同条件的，项目监理机构应要求建设工程施工合同双方继续履行合同。

［条文解析］本条明确合同争议阶段项目监理机构应要求合同双方继续履约。

即合同仍需执行，争议继续协商。任何一方不能因发生争议而终止合同执行，否则会引起新的争议和索赔。

7.2.17 ［条文］在建设工程施工合同争议的仲裁或诉讼过程中，项目监理机构应按仲裁机关或法院要求提供与争议有关的证据。

［条文解析］对于合同争议事件发生，项目监理部应该注意收集、整理相关文件，并留取证据，积极配合仲裁机关和法院审判。

同一合同争议事件，只能或仲裁或诉讼，不能既仲裁又诉讼。

7.2.18 ［条文］因建设单位原因导致建设工程施工合同解除时，项目监理机构应按建设工程施工合同约定与建设单位和施工单位按下列要求协商确定施工单位应得工程款：

1 施工单位按建设工程施工合同约定已完成工作的应得款项。

2 施工单位已按批准的采购计划订购工程材料、设备、构配件的款项。

3 施工单位撤离施工设备至原基地或其他目的地的合理费用。

4 施工单位人员的合理遣返费用。

5 施工单位合理的利润补偿。

6 建设工程施工合同约定的建设单位应支付的违约金。

［条文解析］本条明确了因建设单位原因导致建设工程施工合同解除时，项目监理机构需要确定的工程款内容。

在合同解除时，项目监理机构与建设单位、施工单位一起共同确认工程停工、合同解除分界和工程完成情况、清点进场的机械、材料、设备、构配件等。协助和配合建设单位、施工单位的清算。

7.2.19 ［条文］因施工单位原因导致建设工程施工合同解除时，项目监理机构应按建设工程施工合同约定，从下列款项中确定施工单位应得款项或偿还建设单位的款项，并应与建设单位和施工单位协商后，书面提交施工单位应得款项或偿还建设单位款项的证明：

1 施工单位已按建设工程施工合同约定实际完成的工作应得款项和已给付的款项。

2 施工单位已提供的材料、设备、构配件和临时工程等的价值。

3 对已完工程进行检查和验收、移交工程资料、修复已完工程质量缺陷等所需的费用。

4 建设工程施工合同约定的施工单位应支付的违约金。

［条文解析］本条明确了因施工单位原因导致建设工程施工合同解除时，项目监理机构需要确定和提交的施工单位应得款项或偿还建设单位款项的证明。

项目监理机构应慎重对待书面提交的证明文件，此证明文件应为有效的证明文件。

7.2.20 ［条文］因非建设单位、施工单位原因导致建设工程施工合同解除时，项目监理机构应按建设工程施工合同约定处理合同解除的有关事宜。

［条文解析］本条明确项目监理机构非建设单位、施工单位原因合同解除的处理依据。特别提醒不可预见事件的处理应严格按照合同，并依据有效的证明文件处理。

7.3 信息管理

7.3.1 ［条文］项目监理机构的信息管理包括对于建设单位提供的文件资料的管理、施工单位报审报验的施工资料的管理和工程监理单位形成监理文件资料的管理。

［条文解析］本条明确了项目监理机构的信息管理的内容。

项目监理机构的信息管理应建立健全信息管理制度和岗位责任制度。应选用熟悉工程监理业务、经过监理文件资料培训的人员负责信息管理工作。随工程进度及时、准确、完整地收集、整理、组卷、归档资料，做到分类有序、存放整齐。总监理工程师应在监理交底时，将监理文件资料管理的依据、要求、传递程序、装订要求等告知施工单位。

7.3.2 ［条文］建设单位提供的文件资料主要包括下列内容：

1 与施工有关的招投标文件、建设工程施工合同、分包合同、各类订货合同等。

2 勘察、设计文件。

3 地上、地下管线及建（构）筑物资料。

4 建设工程竣工结算资料。

5 其他应提供的资料。

［条文说明］本条款规定监理在履约过程中管理的合同，主要包括：

1 勘察合同。

2 设计合同：设计合同、单项设计分包合同、二次深化设计分包合同。

3 建设工程施工合同：工程总承包合同、单项工程承包合同、指定分包合同、分包合同。

4 材料设备采购合同：设备采购合同、构配件供应合同、材料采购合同、材料供应合同。

［条文解析］本条明确了建设单位应提供给项目监理机构的文件资料主要内容。

在开工前项目监理机构应以工作联系单形式告知建设单位需提供给项目监理机构的资料清单。主要包括：

1. 开工类文件：建设工程规划许可证、附件及附图；建设工程施工许可证、质量监督备案登记表等。

2. 勘察设计类文件：工程地质勘察报告；设计文件；建筑用地钉桩通知单；验线合格文件；消防设计审核意见；施工图审查通知书；人防设计审核意见。

3. 合同类文件：施工招投标文件；建设工程施工合同；建设单位供应材料设备的采购合同等。

4. 商务类文件：施工合同预算；投标工程量清单；竣工结算定案表。

5. 竣工验收文件：建设工程竣工验收备案表；消防竣工验收备案表；人防验收合格文件等。

6. 涉及安全类资料：施工现场安全监督备案登记表、地上/地下管线及有关地下工程资料；地上/地下管线及建（构）筑物资料移交单；夜间施工审批手续；渣土消纳许可证等。

全过程咨询一体化或监理延伸项目管理的项目，应参照《建筑工程资料管理规程》DB11/T 695—2017 中 A 类基建类资料目录提供资料。

7.3.3 ［条文］施工单位报审报验的施工资料主要包括下列内容：

1 施工组织设计、施工方案及专项施工方案。

2 分包单位资质报审资料。

3 施工控制测量成果报验资料。

4 施工进度计划报审资料，工程开复工及工程延期资料。

5 工程材料、设备、构配件报验资料。

6 工程质量检查报验资料及工程有关验收资料。

7 图纸会审记录、工程变更、费用索赔资料。

8 工程款报审资料。

9 施工现场安全报审资料。

10 监理通知回复单、工作联系单等。

［条文说明］本条款涉及监理工作主要报审报验文件有：

1 施工组织设计报审文件。

2 施工方案报审文件。

3 专项施工方案报审文件。

4 施工进度计划报审文件。

5 分包单位资质报审文件。

6 工程开工报审表。

7 工程复工报审表。

8 工程变更报审文件。

9 费用索赔报审文件。

10 工程延期报审文件。

11 工程款报审文件。

12 施工控制测量成果报验文件。

13 工程材料、构配件、设备报验文件。

14 勘察类施工记录报验文件。

15 隐蔽工程、检验批、分项工程报验文件。

16 分部工程报验文件。

17 单位工程竣工预验收报验文件。

18 单位工程竣工报验文件。

［条文解析］本条明确了施工单位需向项目监理机构报审报验的施工资料主要内容。

条文说明所列资料中"勘察类施工记录报验文件"、"隐蔽工程、检验批、分项工程报验文件"、"施工控制测量成果报验文件"、"工程材料、构配件、设备报验文件"无报验表，以记录形式报验。工程变更报审文件，只包括《工程变更费用报审表》。

项目监理机构应特别注意施工单位报审报验资料的时效性，应能反映工程施工和验收的实际。

7.3.4 ［条文］工程监理单位形成的监理文件资料主要包括下列内容：

1 法定代表人授权书、工程质量终身责任承诺书。

2 监理规划、监理实施细则、监理月报、监理会议纪要。

3 工程开工令、暂停令、复工令、监理通知单、工作联系单。

4 监理日志、旁站记录、见证取样资料、监理文件资料台账和平行检验资料。

5 工程款支付证书，安全防护、文明措施费用支付证书。

6 工程质量或生产安全事故处理资料。

7 工程质量评估报告、监理工作总结等。

［条文说明］工程监理单位形成的监理文件资料清单如下：

1 总监理工程师任命书。

2 总监理工程师授权书。

3 总监理工程师代表授权书。

4 工程开工令。

5 监理报告。

6 监理通知单。

7 工程暂停令。

8 工程复工令。

9 工程款支付证书。

10 见证人告知书。

11 工作联系单。

12 竣工移交证书。

13 监理通知回复单。

［条文解析］本条明确了工程监理单位形成的监理文件资料的主要内容。

条文说明中的竣工移交证书，在本规程和《建筑工程资料管理规程》DB11/T 695—2017中均取消，但在《建设工程文件归档规范》GB/T 50328—2014中有归档要求，因此如需要具体格式和要求可以参照北京市监理协会发布的团标《工程监理文件资料管理标准化指南（房屋建筑工程）》TB0101-201-2017要求或《建筑工程资料管理规程》DB11/T 695—2009中的表式填写。

7.3.5 ［条文］监理月报主要包括下列内容：

1 本月工程实施情况。

2 本月监理工作情况。

3 本月施工中存在的问题及处理情况。

4 下月监理工作重点。

［条文解析］本条规定了监理月报编写的主要内容。

监理月报是项目监理机构按照建设工程监理合同的要求每月反映工程的质量、进度、投资、安全的现状和监理工作的小结。除特殊约定外，原则上项目监理机构每月均应编制监理月报。监理月报所含内容的统计周期一般为上月26日至本月25日，在下月5日前报建设单位。监理月报应由总监理工程师组织编写并签字，加盖项目监理机构章后报建设单位和监理单位。

监理月报内容要求：监理月报内容应全面真实反映工程现状和监理工作情况，做到数据准确、重点突出、语言简练，并附必要的图表和照片，确保监理工作可追溯。主要内容如下：

1. 工程概况

1）工程基本情况（只在第一期或有变化时填写）

工程名称、工程地点、建设单位、施工单位、勘察单位、设计单位、监督单位、建筑类型、建筑面积、檐口高度、结构类型、层数（地上、地下）、总平面示意图等。合同情况：合同约定的质量目标、工期、合同价等。

2）施工基本情况：本期在施形象部位及施工项目；施工中主要问题等。

2. 施工单位项目组织系统

1）施工单位组织框图及主要负责人。

2）主要分包单位承担分包工程情况。

3. 工程进度

1）工程实际完成情况与总进度计划比较。

2）本月实际完成情况与计划进度比较。

3）本月工、料、机动态。

4）对进度完成情况的分析。

5）本月采取的措施及效果。

6）本月在施部位工程照片。

4．工程质量

1）材料、构配件和设备验收情况。本月用于工程的材料、构配件和设备的采购、供应及进场验收情况。

2）分项工程和检验批验收情况。包括分项工程及检验批名称、施工报验单号、验收情况（施工单位自评、监理单位验收）、本月一次验收合格率等。

3）分部工程验收情况。

4）主要施工试验情况。如土建专业的原材料进场检验、钢筋连接检验、混凝土试块强度检验、砌筑砂浆强度检验等以及电气专业、设备专业的施工试验情况。

5）工程质量问题。

6）工程质量情况分析。

7）本月采取的措施及效果。

5. 安全生产管理的监理工作情况

1）本月存在的危险性较大的分部分项工程列表。

2）本月专项施工方案的报审及执行情况。

3）安全生产存在的隐患及处理。

4）本月安全生产管理的监理工作统计。包括巡视检查、联合检查次数、提出问题项数，安全生产管理的监理工作联系单、监理通知发文情况，安全生产例会、专题会议情况，安全隐患的整改复查情况等。

5）重大安全风险提示。

6）本月安全生产管理总体评价。

6. 工程计量与工程款支付

1）工程计量情况。

2）工程款审批及支付情况。

3）本月采取的措施及效果。

7．合同其他事项的处理情况

1）工程变更情况（主要内容、数量等）。

2）工程延期情况（申请报告主要内容及审批情况）。

3）费用索赔情况（次数、数量、原因、审批情况）。

8．天气对施工影响的情况

1）本月天气情况统计。

2）本月天气对施工影响的分析。

9．项目监理机构组成与工作统计

1）项目监理机构形式、本月在岗人员。

2）监理工作统计。

3）考察情况。

10．本月监理工作小结

1）本月监理工作综述。

2）项目综合评价。

3）意见和建议。

11．下月监理工作的重点

7.3.6 ［条文］监理日志应主要包括下列内容：

1 天气和施工环境情况。

2 当日施工进展情况。

3 当日监理工作情况，包括审核审批、旁站、巡视、见证取样、平行检验、工程验收、质量安全检查等情况。

4 当日存在的问题及处理情况。

5 其他有关事项。

［条文说明］监理日志填写内容要求：

1 施工部位及形象进度：工程所有单体或室内外施工形象进度、重要作业情况。

2 施工管理情况：施工主要管理人员到岗及重要岗位缺岗情况、劳动力情况、机械设备使用情况、分包单位施工情况。

3 监理工作情况：

1）报审：施工组织设计（施工方案、专项施工方案）、施工进度计划、分包单位资质；

2）材料设备构配件：报验材料名称、数量、报验资料编号、见证取样情况；

3）工程验收：隐蔽工程、检验批、分项、分部工程验收情况、专项验收情况；

4）监理安全管理工作情况。

4 其他工作：变更洽商、工程款支付审查、考察、旁站项目、监理会议、监理指令。

5 重大事项跟踪情况。

［条文解析］本条规定了监理日志填写的主要内容。

监理日志内容应简明扼要、真实、准确、及时、可追溯，并填写清楚。监理人员应对当日监理活动发现的重大问题进行跟踪处理，将整改结果记录在当日监理日志的跟踪栏内。

监理日志一般以项目监理机构为单位进行记录，当项目规模比较大或技术比较复杂时，也可以按监理专业组或监理标段为单位进行记录。

监理日志的审核要求：监理日志应由总监理工程师指定专人负责逐日记录，内容应保持连续和完整，若记录人外出或休息，经总监理工程师同意可暂时委托其他监理人员代为记录。总监理工程师应每周对监理日志逐日签阅。

监理日志可以采用电脑录入方式直接形成电子版文档（WORD 文档），打印后，记录人签字。随着互联网＋和计算机技术的发展，监理日志可实现电子记录格式或电子签章，只要当日数据生成不可更改，可以不留存纸介文件。

工程结束后监理日志应在监理单位归档留存 5 年。

7.3.7 ［条文］监理工作总结主要包括下列内容：

1 工程概况。

2 项目监理机构。

3 建设工程监理合同履行情况。

4 监理工作成效。

5 监理工作中发现的问题及其处理情况。

6 说明和建议。

［条文说明］监理工作总结由总监理工程师签发，加盖项目监理机构印章。

［条文解析］本条规定了监理工作总结编写的主要内容。

监理工作总结是项目监理机构完成项目监理工作的一个总结，不能代替建设单位的项目总结。监理工作总结是监理单位和总监理工程师发展的宝贵财富，不应敷衍。各监理单位应予以重视，并且可以根据自己企业情况和发展细化。除条文所述内容外，还应包括经验教训。

7.3.8 ［条文］工程资料按载体不同分为纸质资料和数字化资料。工程资料载体的选择应符合下列规定：

1 需加盖印章的工程资料应采用纸质载体。

2 施工过程中形成的施工记录等资料宜采用数字化载体。

3 其他工程资料可采用数字化载体或纸质载体，不宜重复。

4 由城建档案馆归档的资料，其载体形式应符合档案管理相关规定。

5 数字化资料应符合相关的数据标准，资料管理软件形成的工程资料应符合本规程的要求，并经过鉴定。

［条文说明］本条是为适应工程资料计算机管理的发展而提出的。目前有很大一部分工程资料是经计算机整理后再转化为纸质资料保存，不仅没有达到"无纸化"的目的，而且更多地占用了大量资源，不符合绿色可持续发展的要求。因此本规程鼓励保存电子资料，并提出"数字化载体"和"纸质载体"这两种载体形式的资料"不宜重复"的要求。为规范管理，又对数字化资料提出两个基本要求：一是其数据格式应符合相关的数据标准，以保证数字化资料在格式上的通用性；二是要求无论何种工程资料管理的软件，其功能（即所形成的工程资料）应符合本规程的要求，且资料管理软件应经过鉴定，确认其功能和安全性后方可使用。

［条文解析］本条明确了工程资料选择载体的规定。

随着科技的进步、互联网＋、计算机技术的广泛运用，无纸化资料是迟早要实现的。但数据的有效性、安全性、保密性、知识产权、保存方式都有待研究。现阶段加盖印章的资料、重要的验收资料、涉及合同的文件均应保存纸介资料，同时备份电子文件。特别提醒运用云服务或第三方服务器保存资料的，应与服务企业签订保密协议，以免企业和客户信息外泄。

记录类、台账类鼓励电子化。

7.3.9 ［条文］监理文件资料的归档管理应符合下列规定：

1 应按单位工程及时整理、分类汇总，并按规定组卷，形成监理档案。

2 工程监理单位应根据工程特点和有关规定，保存监理档案，并应及时向有关单位、部门移交需要存档的监理文件资料。

［条文说明］关于监理文件资料保存的年限，参照北京重点工程的相关规定，确定如下：

1 安全生产管理相关监理文件资料

安全生产管理相关监理文件资料一般应保存到单位工程竣工验收完成后，工程竣工移交后相关资料可以不再保存。

2 质量控制相关监理文件资料

1）材料、设备构配件报验资料一般应保存到单位工程竣工验收完成后。

2）隐蔽工程检验批、分项工程过程质量控制资料一般应保存到单位工程竣工验收完成后。

3）子分部、分部工程一般应保存到单位工程竣工验收完成后5年。

4）中标通知书、建设工程监理合同、单位工程竣工验收记录等业绩证明类资料一般保存10年。

5）有明确存档单位资料，工程监理单位可只保存相关台账。

6）永久保存资料由工程监理单位依据国家有关规定自行确定。

3 造价控制相关监理文件资料

1）造价控制相关资料一般保存到竣工结算完成后2年。

2）工程监理单位对于造价控制认为有必要较长时间保存的，由工程监理单位自行确定保存时间。

［条文解析］本条规定了工程资料归档的要求和规定。

监理单位需保留的工程文件资料年限要求除按照国家和地方档案和资料规定外，还可以参照北京市建设监理协会团标《工程监理文件资料管理标准化指南（房屋建筑工程）》TB0101-201-2017、《工程监理文件资料管理标准化指南（市政公用工程）》TB0101-202-2017的相关规定留存。本规程所要求的年限只是最低要求，各监理单位还可以在此基础上作出公司的相关具体规定。

7.4 组织协调

7.4.1 ［条文］项目监理机构可通过监理例会、专题会议、工作联系单、情况交流等方法协调建设工程合同相关方的关系。

［条文解析］本条明确了项目监理机构协调的方式。

随着信息化社会的到来以及互联网的飞速发展，项目监理机构还可以采用微信、QQ、邮件、互联网＋的方式更为便捷、及时、真实的与在建各方进行日常沟通交流。需要正式的或需要留下书面记录的沟通协调，采用会议、工作联系单的方式更为妥当。

7.4.2 ［条文］项目监理机构应定期组织召开监理例会。监理例会应由总监理工程师主持。施工单位项目负责人、项目技术负责人、质量负责人、安全负责人、建设单位代表应参加监理例会。必要时，可邀请设计单位、分包单位、设备供应单位、检测单位、第三方监测单位等相关单位的代表参加监理例会。

监理例会后，项目监理机构负责整理会议纪要，由建设单位、工程监理单位和施工单位会签后发放。

［条文解析］本条明确了项目监理机构召开监理例会的要求。

除特殊情况外，总监理工程师应参加监理例会并主持。应安排专人记录和整理会议纪要。会议纪要的审签、打印和发放应符合下列要求：

1. 会议纪要应首先经总监理工程师审阅签字，然后交施工单位项目经理审阅签字，最后交建设单位代表审阅签字，如果有需要修改的内容，修改后经总监理工程师审核签发。

2. 会议纪要印发至参会各方，应有签收手续。

3. 会议纪要的编制、会签和发放要及时，一般在会后 24 小时内完成。

4. 拒绝或拖延会签的，可以采取邮件或网络的形式传达，并做好记录。

7.4.3 ［条文］监理例会的内容应包括下列主要内容：

1 项目监理机构通报上次例会议决事项完成情况，以及发现的质量、安全、进度等问题，并对所通报的问题提出改进要求。

2 施工单位汇报质量、安全、进度等情况，对存在的问题进行分析，提出整改措施，并提出需要协调解决的事项。

3 建设单位通报需要解决处理的问题，并提出要求。

4 确定本次例会议决事项。

5 其他有关事项。

［条文说明］项目监理机构应定期组织召开监理例会。

监理例会参加单位及人员：

1 总监理工作师、总监理工程师代表及有关专业监理工程师。

2 施工单位项目经理、技术负责人、安全负责人及相关人员，分包单位项目负责人及相关人员。

3 建设单位代表及相关人员。

4 必要时，邀请设计单位、设备供应厂商、第三方监测单位、第三方检测单位等相关单位代表。

监理例会的程序及主要内容：

1 施工单位汇报上次例会的议决事项完成情况，未完成事项的原因及将采取的措施。

2 施工单位汇报上次例会以来的进度、质量和安全生产情况，对存在的问题进行原因分析及采取的措施。

3 施工单位通报下周进度计划、质量和安全工作重点及措施，并提出需要协调解决事宜。

4 材料、设备和构配件的供应情况及存在的问题及改进措施。

5 分包单位的管理及协调问题。

6 建设工程施工合同执行中遇到的问题及处理措施。

7 项目监理机构指出施工中存在的问题，提出要求。

8 建设单位协调解决需要处理的问题，并提出要求。

9 本次例会议决事项，包括议决事项的执行人及完成时限。

10 其他有关事项。

项目监理机构负责整理监理例会纪要，由建设单位、工程监理单位和施工单位会签后发各方。

[条文解析] 本条明确了监理例会的主要内容。

项目监理机构应在第一次监理例会上，宣布会议要求、流程、参加人员、会议纪要信息反馈和会签要求、会议前施工单位应准备的资料（如周报、周计划或双周滚动计划、需要协调解决的问题等）。

监理例会应准时召开，注重效率，避免扯皮，要解决问题。总监理工程师应控制会议流程和节奏，严禁拖拉。对于会议上的问题应明确责任单位和完成时间，以便落实。会议应做好签到，严禁弄虚作假、代签。会议签到表不仅仅作为会议签到，还反映工程主要人员的到岗和履职情况（如项目经理、总监理工程师、建设单位项目负责人、专业承包单位负责人等）。

会议纪要应简明扼要，真实反映会议情况，严禁流水账。

7.4.4 [条文] 项目监理机构应根据工程实际需要召开专题会议，协调解决工程中出现的质量、安全生产管理、工程变更、进度和造价以及其他需要召开专题会议解决的问题。

[条文解析] 本条明确了需要项目监理机构召开专题会议的主要方面。

专题会议不拘泥于形式，主要以解决问题为主，专题会议尽量形成记录，由项目监理机构编制，应经参会各方会签。第一次工地会议、监理交底会议属于专题会议的范畴，会议纪要应按照专题会议序列编号。

7.4.5 [条文] 项目监理机构应根据监理工作需要，对于需要留存文字记录的涉及工程质量、安全生产管理、工程变更、进度和造价等问题，发出书面监理指令。

[条文说明] 监理指令是监理在工作过程中依据委托建设工程监理合同、建设工程施工合同、工程设计文件、工程施工组织文件、工程安全管理文件、工程施工质量验收文件、施工工期管理文件的内容，发出的施工单位必须遵照执行的书面文件。

[条文解析] 本条规定了项目监理机构发出书面监理指令的范围和内容。

现有的书面监理指令包括《工程开工令》、《工程暂停令》、《工程复工令》、《监理通知》。《工作联系单》不属于书面监理指令，属于一种书面告知。

紧急情况下，为了保证施工人员的安全或避免工程受损，监理人员可以口头形式发出指示，该指示与书面形式的指示具有同等法律效力，但必须在发出口头指示后24小时内补发书面监理指示，补发的书面监理指示应与口头指示一致。

施工单位对项目监理机构发出的指示有疑问的，应向项目监理机构提出书面异议，项目监理机构应在48小时内对该指示予以确认、更改或撤销，逾期未回复的，施工单位有权拒绝执行上述指示。

8　监理单位对项目监理机构的管理

8.1　一般规定

8.1.1　［条文］工程监理单位应当建立与监理业务范围和经营规模相适应的组织管理机构，宜按照贯标认证的要求建立管理体系。管理体系中的组织机构层级至少应包括：

1　法定代表人或其授权人。

2　技术负责人。

3　公司相关职能部门。

4　项目监理机构。

［条文解析］加强监理单位对项目监理机构的管理是监理工作质量的重要保证。本条规定监理单位应按照质量认证的要求，建立监理服务保证体系和与监理业务范围和经营规模相适应的组织管理机构。无论所有制性质、无论规模大小，监理单位至少决策层、职能部门、执行层三个层级的架构是需要建立的，完善的组织系统是加强监理单位对项目监理机构管理的基础。

8.1.2　［条文］工程监理单位应结合已建立的质量安全管理体系，实行岗位责任制，并明确质量管理体系中每一层级、岗位的职责和权限。

［条文解析］本条提出了监理单位应明确各管理层级岗位责任、定岗定责、责权明晰，保证质量保证体系有效运行的要求。

8.1.3　［条文］工程监理单位应对项目监理机构实施有效的管理，检查项目监理机构的工作，对项目监理机构的工作给予技术支持，并定期进行工作成效的考核。

［条文解析］本条规定了工程监理单位对项目监理机构实施管理、检查、支持、考核的原则。

8.2　管理职责

8.2.1　［条文］工程监理单位法定代表人对本单位的质量安全管理行为负责，并应履行下列职责：

1　组织建立本单位的质量管理体系并确保其有效运行。

2　签署建设工程监理合同文件。

3　任命项目监理机构总监理工程师并授权。

4　法律法规和政府管理部门规定的其他管理职责。

［条文解析］本条依据五方责任主体工程质量终身责任制的相关要求，具体规定了监理单位法定代表人的职责。

8.2.2　［条文］工程监理单位技术负责人对本单位的质量管理承担责任，负责组织对项目监理机构工作的检查、指导和考核。

［条文说明］工程监理单位技术负责人应制定对项目监理机构工作的检查计划和检查内容，并按其开展工作，重点检查工程质量控制及安全生产管理的监理工作的有关内容，

检查中发现的问题，应给予及时指导，督促项目监理机构限期整改。

［条文解析］本条原则规定了监理单位技术负责人对项目监理机构工作的检查、指导和考核的责任。

8.2.3 ［条文］工程监理单位技术负责人应审批项目监理规划、工程质量评估报告。

［条文说明］工程监理单位技术负责人应对项目监理规划、工程质量评估报告进行审批，并加盖工程监理单位公章。

［条文解析］本条规定了监理单位技术负责人审批项目监理规划、工程质量评估报告的要求。

8.2.4 ［条文］工程监理单位应对项目监理机构进行建设工程监理合同交底，明确监理工作范围、内容、目标和要求等。

［条文解析］本条提出了监理单位对项目监理机构进行建设工程监理合同交底的要求。

8.2.5 ［条文］工程监理单位应建立危险性较大的分部分项工程管理制度，及时了解各项目危险性较大的分部分项工程进展情况，必要时应对经专家论证的专项施工方案执行情况进行检查。

［条文说明］工程监理单位应了解各项目危险性较大的分部分项工程进展情况，检查项目监理机构对危险性较大的分部分项工程专项方案审批、施工过程管理是否符合相关要求。对于超过一定规模危险性较大的分部分项工程，工程监理单位应对经专家论证的专项施工方案的执行情况进行检查。

［条文解析］本条规定了监理单位对于危险性较大的分部分项工程的管理原则。监理单位应建立危险性较大的分部分项工程台账，实时跟踪项目进展，确保监理工作履职到位。

8.2.6 ［条文］工程监理单位应建立员工教育和培训制度并拟定培训计划，定期对员工进行法律法规、技术标准、专业知识等岗位技能的教育和培训，安排和督促员工完成与执业资格或岗位相关的外部培训，并留存相关记录文件。

［条文说明］工程监理单位应及时向项目监理机构传达新实施的法律法规等的相关政策要求，定期对员工进行法律法规、技术标准、专业知识等岗位技能的教育和培训，每年培训应不少于24学时。

［条文解析］本条对监理人员培训提出了原则性要求。

8.3 检查与考核

8.3.1 ［条文］工程监理单位应定期对项目监理机构的监理工作进行检查和考核，并形成检查和考核记录。

［条文说明］工程监理单位宜每年不应少于两次对项目监理机构的监理工作进行检查和考核，主要包括项目监理机构在质量控制、进度控制、造价控制、安全生产管理的监理工作、合同管理、信息管理等工作。

［条文解析］本条对监理单位定期对项目监理机构的工作进行检查和考核提出了原则性要求。

8.3.2 ［条文］工程监理单位应对工程施工情况进行检查，并向项目监理机构通报。

［条文解析］本条提出监理单位对于项目监理机构的检查，不局限于监理工作本身，

对施工情况的检查以及对检查情况的通报，可以起到督促项目监理机构的作用。

8.3.3　［条文］工程监理单位应对项目监理机构的监理文件资料管理工作进行检查，主要检查内容包括：

　　1　监理实施细则的编制与审批。

　　2　巡视、旁站、平行检验、见证等资料。

　　3　工作联系单、监理通知单及回复单处理情况。

　　4　监理例会及专题会会议纪要。

　　5　监理日志。

　　6　监理月报。

　　［条文解析］本条规定了监理单位对项目监理机构的监理文件资料进行检查的具体内容。

8.3.4　［条文］工程监理单位应定期征求建设单位意见，及时掌握建设单位的要求和建议，必要时也要征求施工单位的意见和建议。

　　［条文说明］工程监理单位应定期对项目监理机构的工作进行满意度调查，定期征求建设单位意见，必要时也要征求施工单位的意见和建议。以便改进或提高项目监理机构的工作质量。

　　［条文解析］本条规定了监理单位征求建设单位和施工单位意见的要求。

8.3.5　［条文］工程监理单位宜结合企业管理制度制定对于项目监理机构的考核内容，并定期组织考核。

　　［条文解析］本条提出了监理单位制定对项目监理机构考核的具体内容和指标并进行定期考核的要求。

9 相关服务

9.1 一般规定

9.1.1 ［条文］工程监理单位可接受建设单位委托，提供建设工程勘察设计、保修等阶段的相关服务活动，并在建设工程监理合同中明确服务的内容、范围、期限和酬金。

［条文说明］相关服务范围可包括工程勘察设计和保修阶段的服务工作。建设单位可委托其中一项、多项或全部服务，并支付相应的服务费用。

［条文解析］本条规定了相关服务应在建设工程监理合同中委托，明确勘察设计、保修等阶段的相关服务活动的内容、范围、期限和酬金。

9.1.2 ［条文］工程监理单位应根据建设工程监理合同约定的相关服务内容和范围，编制相关服务工作方案并纳入监理规划，开展相关服务工作。

［条文说明］相关服务工作方案应包括相关服务工作的内容、程序、措施、制度等。

［条文解析］本条规定了监理单位应编制相关服务工作方案并纳入监理规划的要求。

9.1.3 ［条文］工程监理单位应按规定汇总整理、分类归档相关服务工作的文件资料。

［条文解析］本条对相关服务的文件资料进行了原则性规定。

9.2 工程勘察设计阶段服务

9.2.1 ［条文］工程监理单位应协助建设单位编制工程勘察设计任务书和选择工程勘察设计单位，协助签订工程勘察设计合同。

［条文说明］工程监理单位协助建设单位选择工程勘察设计单位时，应审查工程勘察设计单位的资质等级、勘察设计人员的资格以及工程勘察设计质量保证体系等。

［条文解析］本条规定了监理单位应协助建设单位编制工程勘察设计任务书、选择工程勘察设计单位和签订工程勘察设计合同的要求。

9.2.2 ［条文］工程监理单位应审查工程勘察单位提交的勘察方案，提出审查意见，并报建设单位。勘察方案变更时，应按原程序重新审查。

［条文解析］本条提出了监理单位审查勘察方案的要求。

9.2.3 ［条文］工程监理单位应检查勘察现场及室内试验主要岗位操作人员的资格及所使用设备、仪器的检定情况。

［条文说明］现场及室内试验主要岗位操作人员是指钻探设备操作人员、记录人员和室内实验的数据签字和审核人员。

［条文解析］本条规定了监理单位对勘察单位主要操作人员资格和仪器设备检定情况进行审查的要求。

9.2.4 ［条文］工程监理单位应检查勘察进度计划执行情况、督促勘察单位完成勘察合同约定的工作内容、审核勘察单位提交的勘察费用支付申请表，签发勘察费用支付证书，并应报建设单位。

［条文解析］本条规定了监理单位对勘察工作进度和费用支付的原则性要求。

9.2.5 ［条文］工程监理单位应审查工程勘察单位提交的勘察成果报告，并应向建设单位提交勘察成果评估报告，同时应参与勘察成果验收。

勘察成果评估报告应包括下列内容：

1 勘察工作概况。

2 勘察报告编制深度与勘察标准的符合情况。

3 勘察任务的完成情况。

4 存在问题及建议。

5 评估结论。

［条文解析］本条规定了勘察成果评估报告的内容。

9.2.6 ［条文］工程监理单位应依据设计合同及项目总体计划要求，审查各专业、各阶段设计进度计划。检查进度计划实施情况，发现进度滞后时，应及时签发监理通知单，要求设计单位采取措施予以调整，并督促其完成合同约定的工作内容。

［条文说明］工程监理单位应审查各专业、各阶段设计进度计划是否符合设计合同及项目总体计划进度节点要求，是否有漏项；各专业、各阶段设计人员配置是否合理；各专业计划的衔接是否合理，是否满足工程需要。

［条文解析］本条规定了监理单位对于设计进度管理的要求和方法。

9.2.7 ［条文］工程监理单位应根据设计合同约定，检查设计单位限额设计的执行情况。审查设计单位提出的设计概算，提出审查意见，并报建设单位。

［条文解析］本条规定了监理单位审查限额设计和设计概算的要求。

9.2.8 ［条文］工程监理单位应审核设计单位提交的设计费用支付申请，签认设计费用支付证书，并报建设单位。

［条文解析］本条规定了监理单位对于设计费用管理的原则性要求。

9.2.9 ［条文］工程监理单位应审查设计单位提交的阶段性设计成果，并应提出评估报告。评估报告应包括下列主要内容：

1 设计工作概况。

2 设计深度及其与设计标准的符合情况。

3 设计任务的完成情况。

4 有关部门审查意见的落实情况。

5 存在的问题及建议。

［条文说明］工程监理单位审查设计成果主要审查方案设计是否符合规划设计要点，初步设计是否符合方案设计要求，施工图设计是否符合初步设计要求。根据工程规模和复杂程度，在取得建设单位同意后，对设计工作成果的评估可不区分方案设计、初步设计和施工图设计，只出具一份报告即可。

［条文解析］本条规定了设计文件阶段性成果评估报告的具体内容。

9.2.10 ［条文］工程监理单位应审查设计单位提出的新材料、新工艺、新技术、新设备在相关部门的备案情况。必要时应协助建设单位组织专家评审。

［条文说明］审查工作主要针对目前尚未经过国家、地方、行业组织评审、鉴定的新材料、新工艺、新技术、新设备。

［条文解析］本条对于设计过程中的"四新"应用做出了规定。

9.2.11 〔条文〕工程监理单位应协助建设单位组织专家对设计成果进行评审，整理评审意见，并报建设单位。

〔条文解析〕本条规定了监理单位协助建设单位对于设计成果进行专家评审的原则性要求。

9.2.12 〔条文〕工程监理单位应进行索赔风险分析，制定防范对策；根据勘察设计合同，协调处理相关索赔事宜。

〔条文解析〕本条提出了控制勘察设计阶段索赔风险的原则性要求。

9.2.13 〔条文〕工程监理单位可协助建设单位向政府有关部门报审有关工程设计文件，并应根据审批意见，督促设计单位予以完善。

〔条文解析〕本条提出了监理单位可以协助建设单位报审设计文件的要求，具体工作内容应在建设工程监理合同中明确。

9.3 工程保修阶段服务

9.3.1 〔条文〕承担工程保修阶段的服务工作时，工程监理单位应定期回访，并做好记录，定期向建设单位汇报。

〔条文说明〕由于工作的可延续性，工程保修阶段服务工作一般委托工程监理单位承担。工程保修期限按国家有关法律法规确定。工程保修阶段服务工作期限，应在建设工程监理合同中明确。工程监理单位应制定保修期回访计划及检查内容，并按其开展工作。

〔条文解析〕本条规定了监理单位承担保修阶段相关服务应定期回访的要求。

9.3.2 〔条文〕对建设单位或使用单位提出的工程质量缺陷，工程监理单位应安排监理人员进行检查，要求施工单位予以修复并监督实施，合格后予以签认。

〔条文说明〕工程监理单位宜在施工阶段监理人员中保留必要的专业监理工程师，对施工单位修复的工程进行验收和签认。

〔条文解析〕本条提出了对工程质量缺陷督促修复和修复后检查的要求。

9.3.3 〔条文〕工程监理单位应对造成工程质量缺陷的原因进行调查、分析，并应与建设单位、施工单位协商处理方案并确定责任归属。对非施工单位原因造成的工程质量缺陷，应核实施工单位申报的修复工程费用，并签认《工程款支付证书》，同时应报建设单位。

〔条文说明〕对非施工单位原因造成的工程质量缺陷，修复费用的核实及支付证明签发，宜由总监理工程师签认。

〔条文解析〕本条对工程质量缺陷的经济责任处理进行了原则性规定。

9.3.4 〔条文〕保修阶段服务工作结束，应组织相关单位对工程进行全面检查，并编制检查报告，与保修服务工作总结一起报建设单位。

〔条文解析〕本条规定了保修阶段结束后编制保修服务工作总结的要求。

10 监理工作收尾

10.0.1 ［条文］工程竣工验收后，项目监理机构应编写监理工作总结、移交监理档案、审核竣工结算、结清监理费用。

建设单位需要进行工程结算审计的，工程监理单位应予以配合。

［条文解析］本条对于项目监理机构编写监理工作总结、移交监理档案、审核竣工结算、结清监理费用、配合工程结算审计等进行了规定。

1. 工程竣工验收完成不代表监理工作全部结束，编写监理工作总结、移交监理档案和审核竣工结算是项目监理机构在监理工作收尾阶段的主要工作内容，项目监理机构应该及时编制监理工作总结和向建设单位移交监理档案，并按建设工程监理合同的约定进行竣工结算的审核。

2. 在监理工作收尾阶段结清监理费用，是履行建设工程监理合同重要表现，是保证监理行业健康发展的必要条件，项目监理机构应该把结清监理费用作为监理工作收尾的重要工作，给予足够重视。

3. 对于建设单位需要进行工程结算审计的，监理单位给予协助提供工程资料、澄清事实等工作配合。

10.0.2 ［条文］总监理工程师组织编写监理工作总结，签字后报建设单位及工程监理单位。

［条文说明］监理工作结束后，项目监理机构应根据本项目施工监理工作情况认真总结经验教训，并由总监理工程师组织编写书面报告，经总监理工程师签字后报建设单位和工程监理单位。

监理工作总结宜附能反映从项目监理机构入驻施工现场开展监理工作伊始至竣工验收完成各个阶段的工程照片。工程照片应具有代表性。

［条文解析］本条规定监理工作总结由总监理工程师组织编写，报监理单位和建设单位。这里说的监理工作结束是指监理工作全部结束，包括配合结算、监理档案资料移交等内容。

监理工作总结不同于其他工程监理资料，不但是对整个项目的回顾，也是项目监理工作经验教训的凝结，应该作为项目监理人员进行工作经验积累和能力提升的重要手段。

另外，在按要求做好项目监理工作总结的同时，参建的监理人员也应该做好个人的监理工作总结。

10.0.3 ［条文］项目监理机构应按建设工程监理合同约定和有关资料管理规定向建设单位移交监理文件资料，并办理移交手续。

［条文解析］本条规定了项目监理机构向建设单位移交监理文件资料的要求。项目监理机构需向建设单位移交的监理文件资料分为两类：

1. 工程档案，根据《建筑工程资料管理规程》DB11/T 695—2017 中附录 A"工程资料名称、分类及归档保存表"的规定，城建档案馆的工程档案只有工程质量评估报告。

2. 按建设工程监理合同约定向建设单位移交监理文件资料，具体移交监理文件资料内容和要求，按建设工程监理合同相关约定执行。

10.0.4 ［条文］总监理工程师应及时将审核验收并签字的监理档案移交工程监理单位保存，并与工程监理单位档案管理人员办理移交手续。工程监理档案的资料移交目录及审核验收签字用表可参考本规程附录C。

［条文说明］总监理工程师是受工程工程监理单位法定代表人书面授权任命的项目监理机构负责人，应对工程项目监理文件资料的管理及其真实性、准确性、完整性负责。工程竣工验收前，总监理工程师应组织整理监理文件资料，按相关规定组卷归档并审核验收。

工程竣工验收后，总监理工程师应及时组织将监理档案送公司技术负责人审阅后移交工程监理单位保存，并与工程监理单位档案管理人员办理移交手续。

［条文解析］本条规定了项目监理机构向监理单位移交监理档案的要求。项目监理机构应移交监理单位留存的监理档案的具体内容，应依据《建筑工程资料管理规程》DB11/T 695—2017中附录A"工程资料名称、分类及归档保存表"以及监理单位的相关规定执行。

10.0.5 ［条文］工程监理单位对监理档案的保存期限，应符合国家法律、法规的规定和建设工程资料管理的要求。

［条文说明］为更好地促进工程监理事业持续健康发展，工程监理单位应按照国家和北京市对监理文件资料的有关管理规定并结合工程项目的重要性、安全质量责任可追溯性等确定监理文件资料的保存期限。

根据资料管理规程的规定，监理文件资料可以分为归档保存资料和过程控制保存资料，过程控制保存资料可根据需要归档保存。

需归档保存的监理档案一般包括：

1　建设工程监理合同。

2　总监理工程师授权书、总监理工程师质量终身责任制承诺书。

3　工程质量评估报告。

4　质量事故报告及处理资料。

5　单位工程质量竣工验收记录、工程竣工验收记录。

6　竣工移交证书。

7　其他按规定应归档保存的监理档案。

［条文解析］本条规定了监理单位对于监理档案管理的原则性要求。可借鉴《工程监理文件资料管理标准化指南（房屋建筑工程）》TB 0101-201-2017、《工程监理文件资料管理标准化指南（市政公用工程）》TB 0101-202-2017中的相关规定：

不同类别资料的保存原则是：

1. 安全生产管理相关监理文件资料

安全生产管理相关监理文件资料一般应保存到单位工程竣工验收完成后。

2. 质量控制相关监理文件资料

1）材料、构配件和设备报验资料一般应保存到单位工程竣工验收完成后。

2）隐蔽工程、检验批、分项工程过程质量控制资料一般应保存到单位工程竣工验收完成后。

3）子分部、分部工程一般应保存到单位工程竣工验收完成后5年。

4）中标通知书、建设工程监理合同、单位工程竣工验收记录等业绩证明类资料一般保存5年。

5）有明确存档单位资料，监理单位可只保存相关台账。

6）长期保存资料由监理单位依据国家有关规定自行确定。

3. 造价控制相关监理文件资料

1）造价控制相关资料一般保存到竣工结算完成后2年。

2）监理单位对于造价控制认为有必要较长时间保存的，由监理单位自行确定保存时间。

10.0.6 ［条文］施工现场监理工作全部完成或建设工程监理合同终止时，项目监理机构可撤离施工现场。

［条文解析］本条规定了项目监理机构撤离施工现场的条件。项目监理机构撤离施工现场可分为两种情形：

1. 建设工程监理合同结束时，即施工现场监理工作全部完成；

2. 建设工程监理合同终止或合同解除时。项目监理机构撤离施工现场前，应依据建设工程监理合同及其他相关约定处理好交接或移交事宜。

10.0.7 ［条文］监理工作结束后，项目监理机构应按建设工程监理合同约定向建设单位移交其提供的办公、交通、通讯、生活等设施。

［条文说明］对于建设单位按合同约定提供监理工作需要的办公、交通、通讯、生活等设施和设计文件，项目监理机构应按照 ISO 9000 质量管理体系要求，建立顾客财产清单台账并在使用过程中进行标识、维护。现场施工监理工作结束后，应按合同约定归还移交建设单位。

［条文解析］本条规定了项目监理机构向建设单位移交其提供的监理工作设施的要求。监理工作结束后，项目监理机构在按建设工程监理合同约定向建设单位移交其提供的办公、交通、通讯、生活等设施的同时，应注意结清该由项目监理机构承担的相关费用。

第三部分　附录说明和填表说明

附录 A　主要监理工作流程图

（资料性附录）

A.0.1　施工监理工作总流程

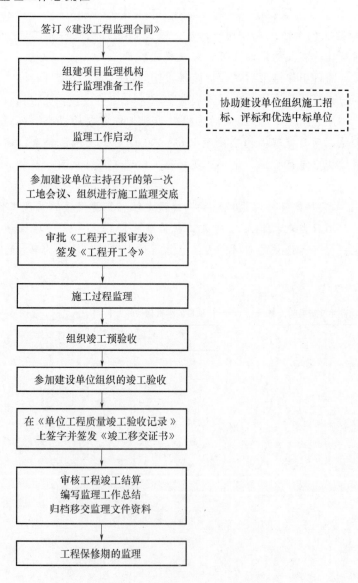

```
签订《建设工程监理合同》
        ↓
组建项目监理机构
进行监理准备工作          ┄┄┄┄┄┄┄┄→ 协助建设单位组织施工招
        ↓                              标、评标和优选中标单位
监理工作启动
        ↓
参加建设单位主持召开的第一次
工地会议、组织进行施工监理交底
        ↓
审批《工程开工报审表》
签发《工程开工令》
        ↓
施工过程监理
        ↓
组织竣工预验收
        ↓
参加建设单位组织的竣工验收
        ↓
在《单位工程质量竣工验收记录》
上签字并签发《竣工移交证书》
        ↓
审核工程竣工结算
编写监理工作总结
归档移交监理文件资料
        ↓
工程保修期的监理
```

[流程解析] 本流程概述了建设工程监理服务的总体过程。

实施建设工程监理前，工程监理单位应与建设单位订立书面形式的建设工程监理合同，约定监理工作的范围、内容、服务期限等相关条款。

工程监理单位应按建设工程监理合同约定，在施工现场派驻项目监理机构，做好工程施工监理的准备工作。

项目监理机构进场后，如建设单位尚未进行施工招标的，应根据合同约定或应建设单位要求，协助做好施工招标、评标和优选中标单位的工作。

项目监理机构应熟悉建设工程监理合同、建设工程施工合同和工程设计文件，掌握工程特点以及质量、技术等要求，编制监理规划和实施细则，明确项目监理机构的工作目标，确定具体的监理工作制度、内容、程序、方法和措施。

工程开工前，项目监理机构应参加由建设单位主持的第一次工地会议，并整理会签会议纪要。

项目监理机构和建设单位在审核批准施工组织设计、分包单位和工程开工报审表后工程正式施工。在工程施工过程中项目监理机构应根据建设工程监理合同约定和建设工程施工合同、设计文件、规范标准规定，坚持预控、过程控制和质量验收相结合的原则，采用旁站、巡视和平行检验等方式对建设工程实施监理，进行材料设备进场检验，验收隐蔽工程、检验批和分项分部工程。

在单位工程施工完毕、施工单位自检合格后，总监理工程师应组织竣工预验收。预验收后提请并参加建设单位组织的工程竣工验收。

工程竣工验收后，项目监理机构应编写监理工作总结、移交监理档案、审核竣工结算、结清监理费用，按合同约定做好工程质量保修期监理工作。

A.0.2　工程材料、构配件质量检验流程

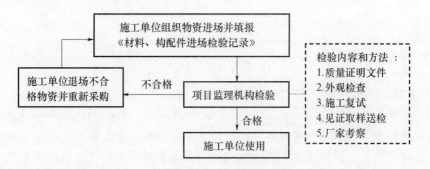

[流程解析] 本流程概述了工程材料、构配件进场检验的过程。

根据《建设工程施工合同（示范文本）》GF-2017-0201 规定，建设单位自行供应材料、工程设备的，施工单位应提前 30 天通过项目监理机构，以书面形式通知建设单位供应材料与工程设备进场。施工单位修订施工进度计划时，应向项目监理机构提交经修订后的建设单位供应材料与工程设备的进场计划。建设单位应按专用合同条款附件《发包人供应材料设备一览表》中明确的材料、工程设备的品种、规格、型号、数量、质量等级和送达地点供应材料和工程设备，应提前 24 小时以书面形式通知施工单位、项目监理机构材料和工程设备的到货时间，并向施工单位提供产品合格证明及出厂证明。施工单位负责材料和工程设备的清点、检验和接收。

　　施工单位负责采购材料、工程设备的，应按照设计和有关标准要求采购，并提供产品合格证明及出厂证明。施工单位应在材料和工程设备到货前 24 小时通知项目监理机构检验。施工单位进行永久设备、材料的制造和生产的，应符合相关质量标准，并向项目监理机构提交材料的样本以及有关资料，并应在使用该材料或工程设备之前获得项目监理机构同意。

　　施工单位采购的材料和工程设备不符合设计或有关标准要求时，施工单位应在项目监理机构要求的合理期限内将不符合设计或有关标准要求的材料、工程设备运出施工现场，并重新采购符合要求的材料、工程设备。

A.0.3　分包单位资质审查流程

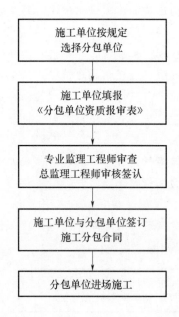

　　[流程解析] 本流程概述了分包单位资质审查的过程。

　　根据《建设工程施工合同（示范文本）》GF-2017-0201 规定，施工单位不得将其承包的全部工程转包给第三人，或将其承包的全部工程肢解后以分包的名义转包给第三人；不得将工程主体结构、关键性工作及建设工程施工合同专用合同条款中禁止分包的专业工程分包给第三人；不得以劳务分包的名义转包或违法分包工程。

　　施工单位应按专用合同条款的约定对已标价工程量清单或预算书中给定暂估价的专业工程进行分包，施工单位应确保分包单位具有相应的资质和能力。施工单位应向项目监理机构提交分包单位的主要施工管理人员表，并对分包单位的施工人员进行实名制管理。

　　除合同另有约定外，施工单位应在分包合同签订后 7 天内向建设单位和项目监理机构提交分包合同副本。

A. 0. 4　工序（隐蔽工程）、检验批验收流程

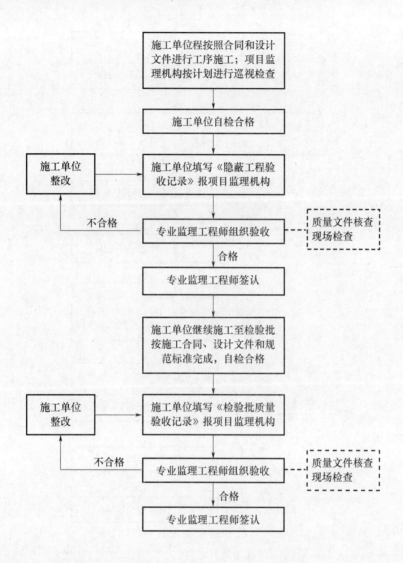

[流程解析]　本流程概述了验收隐蔽工程和检验批的过程。

项目监理机构应按照建设工程施工合同、工程设计文件、施工质量验收有关规范和标准等的规定，对建设工程施工过程中的隐蔽工程和检验批进行验收，并保留相关影像资料和原始记录。

A.0.5 分项、分部工程验收流程

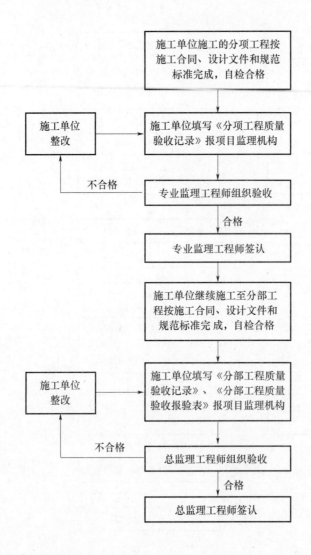

[流程解析] 本流程概述了验收分项分部工程的过程。

根据《建设工程施工合同（示范文本）》GF-2017-0201 规定，分部分项工程质量应符合国家有关工程施工验收规范、标准及建设工程施工合同约定，施工单位应按照施工组织设计的要求完成分部分项工程施工。除专用合同条款另有约定外，分部分项工程经施工单位自检合格并具备验收条件的，施工单位应提前 48 小时通知项目监理机构进行验收。分部分项工程未经验收的，不得进入下一道工序施工。分部分项工程的验收资料应当作为竣工资料的组成部分。

A.0.6 单位工程验收流程

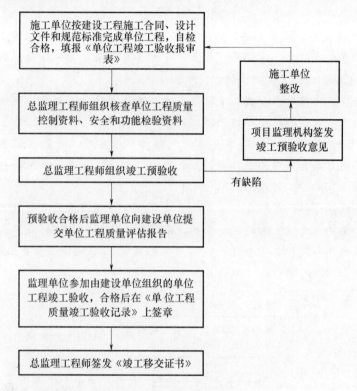

[流程解析] 本流程概述了验收单位工程的过程。

根据《建设工程施工合同（示范文本）》GF-2017-0201 规定，工程具备以下条件的，施工单位可以申请竣工验收：

1. 除建设单位同意的甩项工作和缺陷修补工作外，合同范围内的全部工程以及有关工作，包括合同要求的试验、试运行以及检验均已完成，并符合合同要求。

2. 已按合同约定编制了甩项工作和缺陷修补工作清单以及相应的施工计划。

3. 已按合同约定的内容和份数备齐竣工资料。

除专用合同条款另有约定外，竣工验收应当按照以下程序进行：

1. 施工单位向项目监理机构报送竣工验收申请报告，项目监理机构应在收到竣工验收申请报告后14天内完成审查并报送建设单位。项目监理机构审查后认为尚不具备验收条件的，应通知施工单位在竣工验收前施工单位还需完成的工作内容，施工单位应在完成项目监理机构通知的全部工作内容后，再次提交竣工验收申请报告。

2. 项目监理机构审查后认为已具备竣工验收条件的，应将竣工验收申请报告提交建设单位，建设单位应在收到经项目监理机构审核的竣工验收申请报告后28天内审批完毕并组织监理单位、施工单位、设计单位等相关单位完成竣工验收。

3. 竣工验收合格的，建设单位应在验收合格后14天内向施工单位签发工程接收证书。建设单位无正当理由逾期不颁发工程接收证书的，自验收合格后第15天起视为已颁发工程接收证书。

4. 竣工验收不合格的，项目监理机构应按照验收意见发出指示，要求施工单位对不合格工程返工、修复或采取其他补救措施，由此增加的费用和（或）延误的工期由施工单位承担。施工单位在完成不合格工程的返工、修复或采取其他补救措施后，应重新提交竣工验收申请报告，并按程序重新进行验收。

5. 工程未经验收或验收不合格，建设单位擅自使用的，应在转移占有工程后 7 天内向施工单位颁发工程接收证书；建设单位无正当理由逾期不颁发工程接收证书的，自转移占有后第 15 天起视为已颁发工程接收证书。

工程经竣工验收合格的，以施工单位提交竣工验收申请报告之日为实际竣工日期，并在工程接收证书中载明；因建设单位原因，未在项目监理机构收到施工单位提交的竣工验收申请报告 42 天内完成竣工验收，或完成竣工验收不予签发工程接收证书的，以提交竣工验收申请报告的日期为实际竣工日期；工程未经竣工验收，建设单位擅自使用的，以转移占有工程之日为实际竣工日期。

对于竣工验收不合格的工程，施工单位完成整改后，应当重新进行竣工验收，经重新组织验收仍不合格的且无法采取措施补救的，则建设单位可以拒绝接收不合格工程，因不合格工程导致其他工程不能正常使用的，建设单位应采取措施确保相关工程的正常使用，由此增加的费用和（或）延误的工期由施工单位承担。

A.0.7 工程进度控制流程

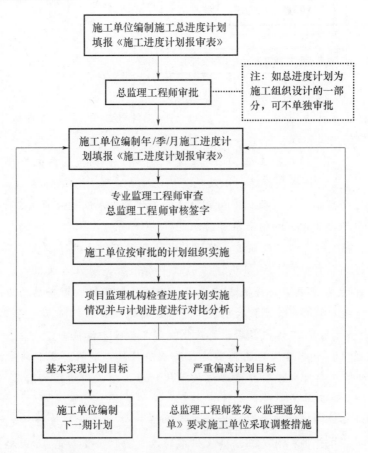

[流程解析] 本流程概述了实施工程进度控制的过程。

根据《建设工程施工合同（示范文本）》GF-2017-0201 规定，除专用合同条款另有约定外，施工单位应在合同签订后 14 天内，但至迟不得晚于开工通知载明的开工日期前 7

天，向项目监理机构提交详细的施工组织设计，并由项目监理机构报送建设单位。除专用合同条款另有约定外，建设单位和项目监理机构应在项目监理机构收到施工组织设计后7天内确认或提出修改意见。对建设单位和项目监理机构提出的合理意见和要求，施工单位应自费修改完善。根据工程实际情况需要修改施工组织设计的，施工单位应向建设单位和项目监理机构提交修改后的施工组织设计。

施工单位应按照施工组织设计约定提交详细的施工进度计划，施工进度计划的编制应当符合国家法律规定和一般工程实践惯例，施工进度计划经建设单位批准后实施。施工进度计划是控制工程进度的依据，建设单位和项目监理机构有权按照施工进度计划检查工程进度情况。

施工进度计划不符合合同要求或与工程的实际进度不一致的，施工单位应向项目监理机构提交修订的施工进度计划，并附具有关措施和相关资料，由项目监理机构报送建设单位。除专用合同条款另有约定外，建设单位和项目监理机构应在收到修订的施工进度计划后7天内完成审核和批准或提出修改意见。建设单位和项目监理机构对施工单位提交的施工进度计划的确认，不能减轻或免除施工单位根据法律规定和合同约定应承担的任何责任或义务。

除专用合同条款另有约定外，施工单位应按照施工组织设计约定的期限，向项目监理机构提交工程开工报审表，经项目监理机构报建设单位批准后执行。开工报审表应详细说明按施工进度计划正常施工所需的施工道路、临时设施、材料、工程设备、施工设备、施工人员等落实情况以及工程的进度安排。

建设单位应按照法律规定获得工程施工所需的许可。经建设单位同意后，项目监理机构发出的开工通知应符合法律规定。项目监理机构应在计划开工日期7天前向施工单位发出开工通知，工期自开工通知中载明的开工日期起算。

除专用合同条款另有约定外，因建设单位原因造成项目监理机构未能在计划开工日期之日起90天内发出开工通知的，施工单位有权提出价格调整要求，或者解除合同。建设单位应当承担由此增加的费用和（或）延误的工期，并向施工单位支付合理利润。

A.0.8　工程款支付审核流程

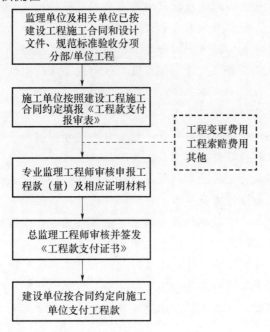

［流程解析］本流程概述了工程款审核支付的过程。

根据《建设工程施工合同（示范文本）》GF-2017-0201规定，除专用合同条款另有约定外，施工单位的工程进度付款申请单应包括下列内容：

1. 截至本次付款周期已完成工作对应的金额。

2. 工程变更增加和扣减的变更金额。

3. 合同约定应支付的预付款和扣减的返还预付款。

4. 合同约定应扣减的质量保证金。

5. 增加和扣减的索赔金额。

6. 对已签发的进度款支付证书中出现错误的修正，应在本次进度付款中支付或扣除的金额。

7. 根据合同约定应增加和扣减的其他金额。

单价合同的进度付款申请单，施工单位按照单价合同的计量约定的时间按月向项目监理机构提交，并附上已完成工程量报表和有关资料。单价合同中的总价项目按月进行支付分解，并汇总列入当期进度付款申请单。

总价合同按月计量支付的，施工单位按照总价合同的计量约定的时间按月向项目监理机构提交进度付款申请单，并附上已完成工程量报表和有关资料。总价合同按支付分解表支付的，施工单位应按照合同支付分解表及进度付款申请单的编制的约定向项目监理机构提交进度付款申请单。

除专用合同条款另有约定外，项目监理机构应在收到施工单位进度付款申请单以及相关资料后7天内完成审查并报送建设单位，建设单位应在收到后7天内完成审批并签发进度款支付证书。建设单位逾期未完成审批且未提出异议的，视为已签发进度款支付证书。

建设单位和项目监理机构对施工单位的进度付款申请单有异议的，有权要求施工单位修正和提供补充资料，施工单位应提交修正后的进度付款申请单。项目监理机构应在收到施工单位修正后的进度付款申请单及相关资料后7天内完成审查并报送建设单位，建设单位应在收到项目监理机构报送的进度付款申请单及相关资料后7天内，向施工单位签发无异议部分的临时进度款支付证书。存在争议的部分，按照合同争议解决的约定处理。

在对已签发的进度款支付证书进行阶段汇总和复核中发现错误、遗漏或重复的，建设单位和施工单位均有权提出修正申请。经建设单位和施工单位同意的修正，应在下期进度付款中支付或扣除。

除专用合同条款另有约定外，采用总价合同的，施工单位应根据合同施工进度计划约定的施工进度计划、签约合同价和工程量等因素对总价合同按月进行分解，编制支付分解表。施工单位应当在收到项目监理机构和建设单位批准的施工进度计划后7天内，将支付分解表及编制支付分解表的支持性资料报送项目监理机构。项目监理机构应在收到支付分解表后7天内完成审核并报送建设单位。建设单位应在收到经项目监理机构审核的支付分解表后7天内完成审批，经建设单位批准的支付分解表为有约束力的支付分解表。

除专用合同条款另有约定外，单价合同的总价项目，由施工单位根据施工进度计划和总价项目的总价构成、费用性质、计划发生时间和相应工程量等因素按月进行分解，形成支付分解表，其编制与审批参照总价合同支付分解表的编制与审批执行。

不采用支付分解表的，施工单位应向建设单位和项目监理机构提交按季度编制的支付

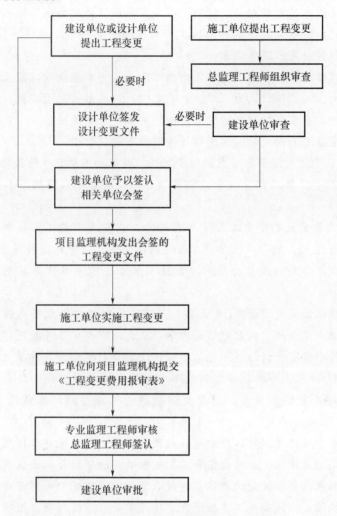

估算分解表，用于支付参考。

A.0.9 工程变更管理流程

[流程解析] 本流程概述了工程变更管理的过程。

根据《建设工程施工合同（示范文本）》GF-2017-0201规定，除专用合同条款另有约定外，合同履行过程中发生以下情形的，应按照合同约定进行变更：

1. 增加或减少合同中任何工作，或追加额外的工作。

2. 取消合同中任何工作，但转由他人实施的工作除外。

3. 改变合同中任何工作的质量标准或其他特性。

4. 改变工程的基线、标高、位置和尺寸。

5. 改变工程的时间安排或实施顺序。

建设单位和项目监理机构均可以提出变更。变更指示均通过项目监理机构发出，变更指示应说明计划变更的工程范围和变更的内容。项目监理机构发出变更指示前应征得建设单位同意。施工单位收到经建设单位签认的变更指示后，方可实施变更。未经许可，施工单位不得擅自对工程的任何部分进行变更。

涉及设计变更的，应由设计单位提供变更后的图纸和说明。如变更超过原设计标准或批准的建设规模时，建设单位应及时办理规划、设计变更等审批手续。

项目监理机构提出变更建议的，需要向发包人建设单位以书面形式提出变更计划，说明计划变更工程范围和变更的内容、理由，以及实施该变更对合同价格和工期的影响。建设单位同意变更的，由项目监理机构向施工单位发出变更指示。建设单位不同意变更的，项目监理机构无权擅自发出变更指示。

施工单位收到项目监理机构下达的变更指示后，认为不能执行，应立即提出不能执行该变更指示的理由。施工单位认为可以执行变更的，应当书面说明实施该变更指示对合同价格和工期的影响，且应当按照合同变更估价约定确定变更估价。

除专用合同条款另有约定外，变更估价按照以下约定处理：

1. 已标价工程量清单或预算书有相同项目的，按照相同项目单价认定。

2. 已标价工程量清单或预算书中无相同项目，但有类似项目的，参照类似项目的单价认定。

3. 变更导致实际完成的变更工程量与已标价工程量清单或预算书中列明的该项目工程量的变化幅度超过15%的，或已标价工程量清单或预算书中无相同项目及类似项目单价的，按照合理的成本与利润构成的原则，由施工单位与建设单位商定或确定变更工作的单价。

施工单位应在收到变更指示后14天内，向项目监理机构提交变更估价申请。项目监理机构应在收到施工单位提交的变更估价申请后7天内审查完毕并报送建设单位，项目监理机构对变更估价申请有异议，通知施工单位修改后重新提交。建设单位应在施工单位提交变更估价申请后14天内审批完毕。建设单位逾期未完成审批或未提出异议的，视为认可施工单位提交的变更估价申请。因变更引起的价格调整应计入最近一期的进度款中支付。

施工单位提出合理化建议的，应向项目监理机构提交合理化建议说明，说明建议的内容和理由，以及实施该建议对合同价格和工期的影响。除专用合同条款另有约定外，项目监理机构应在收到施工单位提交的合理化建议后7天内审查完毕并报送建设单位，发现其中存在技术上的缺陷，应通知施工单位修改。建设单位应在收到项目监理机构报送的合理化建议后7天内审批完毕。合理化建议经建设单位批准的，项目监理机构应及时发出变更指示，由此引起的合同价格调整按照合同变更估价约定执行。建设单位不同意变更的，项目监理机构应书面通知施工单位。

因变更引起工期变化的，施工单位和建设单位均可要求调整合同工期，由合同双方商定或确定并参考工程所在地的工期定额标准确定增减工期天数。

A. 0. 10 工程延期管理流程

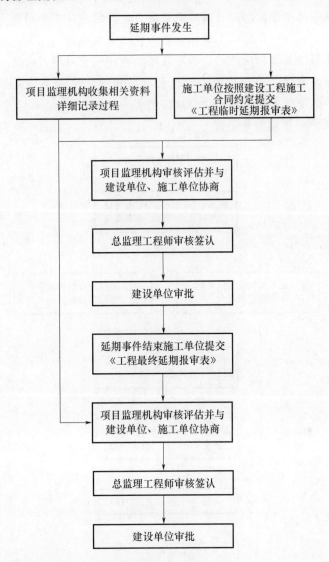

[流程解析] 本流程概述了工程进度控制的过程。

根据《建设工程施工合同（示范文本）》GF-2017-0201 规定，在建设工程施工合同履行过程中，因下列情况导致工期延误和（或）费用增加的，由建设单位承担由此延误的工期和（或）增加的费用，且建设单位应支付施工单位合理的利润：

1. 建设单位未能按合同约定提供图纸或所提供图纸不符合合同约定的。

2. 建设单位未能按合同约定提供施工现场、施工条件、基础资料、许可、批准等开工条件的。

3. 建设单位提供的测量基准点、基准线和水准点及其书面资料存在错误或疏漏的。

4. 建设单位未能在计划开工日期之日起 7 天内同意下达开工通知的。

5. 建设单位未能按合同约定日期支付工程预付款、进度款或竣工结算款的。

6. 项目监理机构未按合同约定发出指示、批准等文件的。

7. 专用合同条款中约定的其他情形。

因建设单位原因未按计划开工日期开工的，建设单位应按实际开工日期顺延竣工日期，确保实际工期不低于合同约定的工期总日历天数。因建设单位原因导致工期延误需要修订施工进度计划的，按照合同施工进度计划的修订条款执行。

因施工单位原因造成工期延误的，项目监理机构按照专用合同条款中约定逾期竣工违约金的计算方法和逾期竣工违约金的上限进行违约审核。施工单位支付逾期竣工违约金后，不免除施工单位继续完成工程及修补缺陷的义务。

A. 0. 11　施工费用索赔管理流程

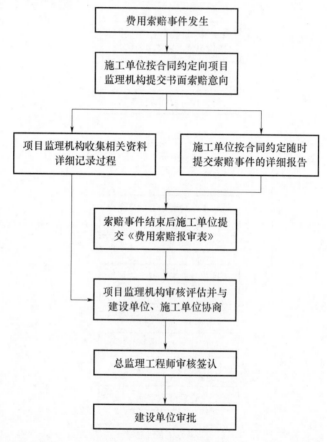

[流程解析] 本流程概述了施工单位费用索赔的过程。

根据《建设工程施工合同（示范文本）》GF-2017-0201 规定，施工单位认为有权得到追加付款和（或）延长工期的，应按以下程序向建设单位提出索赔：

1. 施工单位应在知道或应当知道索赔事件发生后 28 天内，向项目监理机构递交索赔意向通知书，并说明发生索赔事件的事由；施工单位未在前述 28 天内发出索赔意向通知书的，丧失要求追加付款和（或）延长工期的权利。

2. 施工单位应在发出索赔意向通知书后 28 天内，向项目监理机构正式递交索赔报告；索赔报告应详细说明索赔理由以及要求追加的付款金额和（或）延长的工期，并附必要的记录和证明材料。

3. 索赔事件具有持续影响的，施工单位应按合理时间间隔继续递交延续索赔通知，说明持续影响的实际情况和记录，列出累计的追加付款金额和（或）工期延长天数。

4. 在索赔事件影响结束后 28 天内，施工单位应向项目监理机构递交最终索赔报告，说明最终要求索赔的追加付款金额和（或）延长的工期，并附必要的记录和证明材料。

项目监理机构和建设单位对施工单位索赔的处理如下：

1. 项目监理机构应在收到索赔报告后 14 天内完成审查并报送建设单位。项目监理机构对索赔报告存在异议的，有权要求施工单位提交全部原始记录副本。

2. 建设单位应在项目监理机构收到索赔报告或有关索赔的进一步证明材料后的 28 天内，由项目监理机构向施工单位出具经建设单位签认的索赔处理结果。建设单位逾期答复的，则视为认可施工单位的索赔要求。

3. 施工单位接受索赔处理结果的，索赔款项在当期进度款中进行支付；施工单位不接受索赔处理结果的，按照合同争议解决条款约定处理。

根据合同约定，建设单位认为有权得到赔付金额和（或）延长缺陷责任期的，项目监理机构应向施工单位发出通知并附有详细的证明。建设单位应在知道或应当知道索赔事件发生后 28 天内通过项目监理机构向施工单位提出索赔意向通知书，建设单位未在前述 28 天内发出索赔意向通知书的，丧失要求赔付金额和（或）延长缺陷责任期的权利。建设单位应在发出索赔意向通知书后 28 天内，通过项目监理机构向施工单位正式递交索赔报告。

项目监理机构和施工单位对建设单位索赔的处理如下：

1. 施工单位收到建设单位提交的索赔报告后，应及时审查索赔报告的内容、查验建设单位证明材料。

2. 施工单位应在收到索赔报告或有关索赔的进一步证明材料后 28 天内，将索赔处理结果答复建设单位。如果施工单位未在上述期限内作出答复的，则视为对建设单位索赔要求的认可。

3. 施工单位接受索赔处理结果的，建设单位可从应支付给施工单位的合同价款中扣除赔付的金额或延长缺陷责任期；建设单位不接受索赔处理结果的，按合同争议解决条款约定处理。

施工单位按合同竣工结算审核条款约定接收竣工付款证书后，应被视为已无权再提出在工程接收证书颁发前所发生的任何索赔。

施工单位按合同最终结清条款提交的最终结清申请单中，只限于提出工程接收证书颁发后发生的索赔。提出索赔的期限自接受最终结清证书时终止。

A. 0. 12　合同争议处理流程

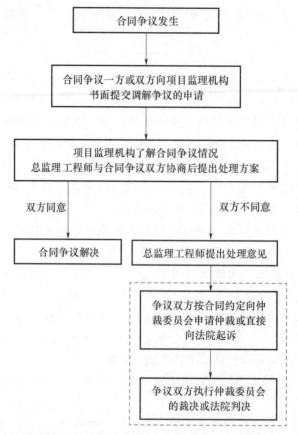

［流程解析］本流程概述了工程进度控制的过程。

根据《建设工程施工合同（示范文本）》GF-2017-0201 规定，合同争议可以通过以下四种方式解决：

和解：合同双方可以就争议自行和解，自行和解达成协议的经双方签字并盖章后作为合同补充文件，双方均应遵照执行。

调解：合同双方可以就争议请求建设行政主管部门、行业协会或其他第三方进行调解，调解达成协议的，经双方签字并盖章后作为合同补充文件，双方均应遵照执行。

争议评审：合同双方在专用合同条款中约定采取争议评审方式解决争议以及评审规则，并按下列约定执行：

1. 确定争议评审小组

合同双方可以共同选择一名或三名争议评审员，组成争议评审小组。除专用合同条款另有约定外，合同双方应当自合同签订后 28 天内，或者争议发生后 14 天内，选定争议评审员。选择一名争议评审员的，由合同双方共同确定；选择三名争议评审员的，各自选定一名，第三名成员为首席争议评审员，由合同双方共同确定或由合同双方委托已选定的争议评审员共同确定，或由专用合同条款约定的评审机构指定第三名首席争议评审员。除专用合同条款另有约定外，评审员报酬由建设单位和施工单位各承担一半。

2. 争议评审小组的决定

合同当事人可在任何时间将与合同有关的任何争议共同提请争议评审小组进行评审。争议评审小组应秉持客观、公正原则，充分听取合同当事人的意见，依据相关法律、规范、标准、案例经验及商业惯例等，自收到争议评审申请报告后14天内作出书面决定，并说明理由。合同双方可以在专用合同条款中对本项事项另行约定。

3. 争议评审小组决定的效力

争议评审小组作出的书面决定经合同当事人签字确认后，对双方具有约束力，双方应遵照执行。任何一方当事人不接受争议评审小组决定或不履行争议评审小组决定的，双方可选择采用其他争议解决方式。

仲裁或诉讼：因合同及合同有关事项产生的争议，建设单位和施工单位可以按照专用合同条款中的约定，向约定的仲裁委员会申请仲裁或向有管辖权的人民法院起诉的方式解决争议。

合同有关争议解决的条款独立存在，合同的变更、解除、终止、无效或者被撤销均不影响其效力。

A.0.13 工程暂停及复工管理流程

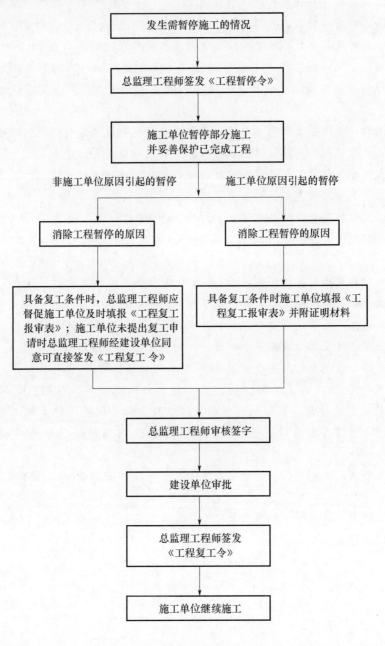

［流程解析］本流程概述了工程进度控制的过程。

根据《建设工程施工合同（示范文本）》GF-2017-0201 规定，因建设单位原因引起暂停施工的，项目监理机构经建设单位同意后，应及时下达暂停施工指示。情况紧急且项目监理机构未及时下达暂停施工指示的，按照合同紧急情况下的暂停施工条款执行。因建设单位原因引起的暂停施工，建设单位应承担由此增加的费用和（或）延误的工期，并支付施工单位合理的利润。

因施工单位原因引起的暂停施工，施工单位应承担由此增加的费用和（或）延误的工期，且施工单位在收到项目监理机构复工指示后 84 天内仍未复工的，视为合同施工单位违约的情形条款约定的施工单位无法继续履行合同的情形。

项目监理机构认为有必要时，并经建设单位批准后，可向施工单位作出暂停施工的指示，施工单位应按项目监理机构指示暂停施工。

因紧急情况需暂停施工，且项目监理机构未及时下达暂停施工指示的，施工单位可先暂停施工，并及时通知项目监理机构。项目监理机构应在接到通知后 24 小时内发出指示，逾期未发出指示，视为同意施工单位暂停施工。项目监理机构不同意施工单位暂停施工的，应说明理由，施工单位对项目监理机构的答复有异议，按照合同争议解决条款约定处理。

暂停施工后，建设单位和施工单位应采取有效措施积极消除暂停施工的影响。在工程复工前，项目监理机构会同建设单位和施工单位确定因暂停施工造成的损失，并确定工程复工条件。当工程具备复工条件时，项目监理机构应经建设单位批准后向施工单位发出复工通知，施工单位应按照复工通知要求复工。

施工单位无故拖延和拒绝复工的，施工单位承担由此增加的费用和（或）延误的工期；因建设单位原因无法按时复工的，按照合同因建设单位原因导致工期延误条款约定办理。

项目监理机构发出暂停施工指示后 56 天内未向施工单位发出复工通知，除该项停工属于合同施工单位原因引起的暂停施工及不可抗力条款约定的情形外，施工单位可向建设单位提交书面通知，要求建设单位在收到书面通知后 28 天内准许已暂停施工的部分或全部工程继续施工。建设单位逾期不予批准的，则施工单位可以通知建设单位，将工程受影响的部分视为按合同变更的范围条款第（2）项的可取消工作。

暂停施工持续 84 天以上不复工的，且不属于合同施工单位原因引起的暂停施工及不可抗力条款约定的情形，并影响到整个工程以及合同目的实现的，施工单位有权提出价格调整要求，或者解除合同。解除合同的，按照合同因建设单位违约解除合同条款执行。

暂停施工期间，施工单位应负责妥善照管工程并提供安全保障，由此增加的费用由责任方承担。

暂停施工期间，建设单位和施工单位均应采取必要的措施确保工程质量及安全，防止因暂停施工扩大损失。

A.0.14 监理文件资料管理流程

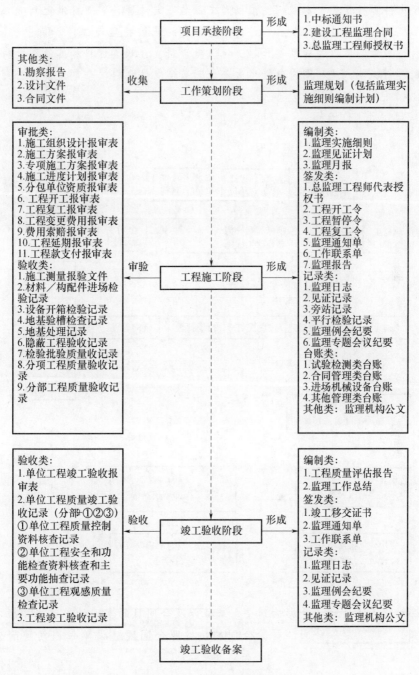

[流程解析] 本流程概述了监理文件资料管理的过程。

项目监理机构应建立完善的监理文件资料管理制度，应根据监理文件资料的形成阶段和形式进行分类管理。应明确项目监理机构的监理人员监理文件资料管理职责，及时、准确、完整地收集、整理、编制、传递、归档、保存监理文件资料。

建设工程监理工作按照时间跨度可分为项目监理任务承接阶段、监理工作策划阶段、工程施工阶段监理、竣工验收阶段监理及项目竣工完成后的收尾备案阶段，每一阶段的监理工作都会以各种各样的监理文件资料形式作为监理工作的痕迹记录。为便于更好地理解和做好监理文件资料管理，本流程图依据《工程监理文件资料管理标准化指南（房屋建筑工程）》TB 0101-201-2017 按照监理文件资料形成的属性将监理文件资料中编制类资料、签发类资料、审批类资料、验收类资料、记录类资料、台账类资料和其他类资料按其形成的阶段分别进行梳理，流程图中包括了大部分的监理文件资料，个别文件资料可以按照本规程和其他相关规范标准补充完善。

A. 0. 15　信息管理工作流程

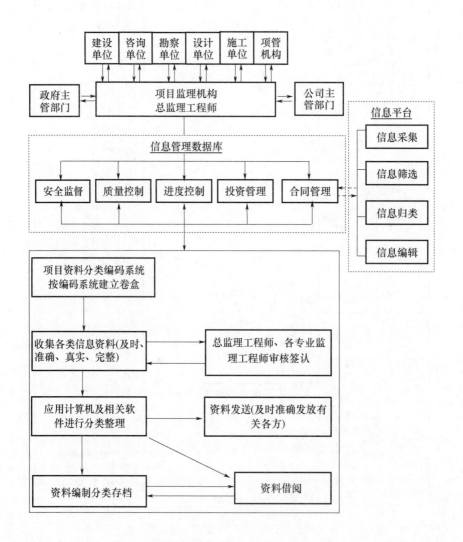

[流程解析] 本流程以关系图形式概述了监理信息管理的过程。

项目监理机构应通过建立信息管理和信息流通制度，对监理服务过程中的各类信息进行收集、整理、编目和归档，使各种信息服务于现场施工监理工作。项目监理机构应通过信息化管理提高工程监理服务的效率，提升监理服务效益。

A. 0. 16 危险性较大的专项施工方案审查流程

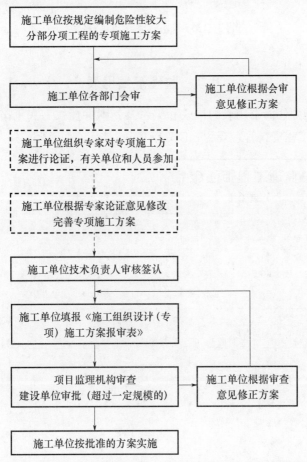

注：虚线框图流程部分仅适用于超过一定规模的危险性较大的分部分项工程

[流程解析] 本流程概述了危险性较大的分部分项工程施工方案的审查过程。

住房和城乡建设部文件《危险性较大的分部分项工程安全管理办法》建质 [2009] 87 号确定了危险性较大的分部分项工程范围。

项目监理机构对危险性较大分部分项工程专项施工方案的审查内容主要包括：专项施工方案的编制、审核程序是否符合相关规定；专项施工方案的内容是否符合工程建设强制性标准；对超过一定规模的危险性较大分部分项工程专项施工方案是否经过专家论证；专项施工方案是否根据专家论证意见进行了修改完善。

项目监理机构应按照住房和城乡建设部《危险性较大的分部分项工程安全管理办法》建质 [2009] 87 号和北京市实施《危险性较大的分部分项工程安全管理办法》规定京建施 [2009] 841 号以及其他有关规范、标准、文件的规定，对危险性较大的分部分项工程实施监理。

103

附录 B 监理工作用表

B.1 监理签发用表

B.1.1 总监理工程师任命书用表的格式和编号及其附件授权书和承诺书宜采用现行北京市地方标准《建筑工程资料管理规程》DB11/T 695 表 B-1。

总监理工程师任命书 表 B-1		资料编号	
工程名称			

致：_____（建设单位）

　　兹任命_____（注册监理工程师注册号：_____）为我单位_____

_____项目总监理工程师。负责履行建设工程监理合同、主持项目监理机构工作。

附：北京市建设工程监理单位法定代表人授权书
　　北京市建设工程监理单位项目负责人工程质量终身责任承诺书

工程监理单位（盖章）

法定代表人（签字）：

年　　月　　日

本表由工程监理单位填写，一式三份，项目监理机构、建设单位、施工单位各一份。

［填表说明］

1.《总监理工程师任命书》应在建设工程监理合同签订时，由监理单位法定代表人任命和签署授权。与投标阶段的任命书不同，投标阶段可以参照本表执行，但应变为"拟任命"。

2. 应加盖监理单位公章，并有监理单位法定代表人的签字。

3. 应写明总监理工程师姓名、注册监理工程师注册号、任命时间。

4. 填写的建设单位名称应为建设工程监理合同的签订单位全称。

5. 填写的工程名称应与建设工程施工许可证上的工程名称一致。

6. 监理单位应将总监理工程师的任命书面通知建设单位和施工单位。

7. 监理单位法定代表人或总监理工程师发生变更时，应当在现有《总监理工程师任命书》的基础上，明确划分有关工作职责范围，继续签署新的《总监理工程师任命书》。对于监理单位法定代表人变更也可以采用监理单位向建设单位发函说明的形式，说明函应加盖监理单位公章和新的法定代表人签字。发生变更应提前7天书面通知施工单位；

8.《总监理工程师任命书》和《北京市建设工程监理单位法定代表人授权书》、《北京市建设工程监理单位项目负责人工程质量终身责任承诺书》作为一套资料存放。

9. 总监理工程师变更资料应一并存放，包括变更备案表；合同补充协议；原总监理工程师任命书及相关授权书、承诺书；新总监理工程师任命书及相关授权书、承诺书。

北京市建设工程
监理单位法定代表人授权书

兹授权＿＿＿＿＿＿＿＿＿＿＿（姓名）担任＿＿＿＿＿＿＿＿＿＿＿＿＿＿＿＿
＿＿＿＿＿＿＿＿＿＿＿＿＿＿＿＿（工程名称）监理单位的项目负责人，对该工程项目的
监理工作实施组织管理，依据国家和北京市有关法律法规及标准规范履行职责，并依法对
该工程项目在设计使用年限内的工程质量承担相应终身责任。

法定代表人承担被授权人在授权范围内履行职责产生的法律责任。本授权书自授权之
日起生效。

被授权人基本情况					
姓　名			身份证编号		
电　话			户籍所在地		
注　册证　书	编　号			类　别	
	专　业			期　限	
备　注					
被授权人签字：					

授权单位名称（公章）：

法定代表人（签字）：

授权日期：＿＿＿＿＿年＿＿＿月＿＿＿日

［填表说明］

1.《北京市建设工程监理单位法定代表人授权书》（以下简称《授权书》）应在建设工程监理合同签订时，由监理单位法定代表人签署授权，是《总监理工程师任命书》的附件。

2.《授权书》应写明总监理工程师姓名、注册监理工程师注册证书信息、身份证信息及授权时间等信息。

3. 建设单位名称应为建设工程监理合同的签订单位全称。

4. 工程名称应与建设工程施工许可证上的工程名称一致。

5. 信息表中"编号"应填写注册监理工程师注册号或注册证书编号，"类别"应填写注册监理工程师，"专业"应填写注册专业，"期限"应填写证书的有效时间。"户籍所在地"应与身份证一致。

6.《授权书》的签字、抄写部分必须由本人亲自手书，不得代写。

7.《授权书》打印或复印时，应采用双面打印复印。

8. 监理单位应将总监理工程师的授权以及相应的授权范围，以《授权书》形式书面通知建设单位。

9. 监理单位法定代表人或总监理工程师发生变更时，应当在现有《授权书》的基础上，明确划分有关工作职责范围，继续签署《授权书》，签署时间应连续，能够涵盖整个工程建设周期。前后总监理工程师的《授权书》均应留存。

北京市建设工程监理单位
项目负责人工程质量终身责任

承

诺

书

工程名称：
监理单位：
法定代表人：
项目负责人：

承诺人信息

姓　名			身份证编号		
电　话			户籍所在地		
注　册证　书	编　号			类　别	
	专　业			期　限	
备　注					

填写说明

　　一、本《承诺书》采用白色 A4 纸双面打印，文字内容为黑色；签字、抄写部分应当使用蓝黑钢笔或签字笔，抄写部分字迹工整；盖章应当按照有关规定签盖红色或蓝色印章；《承诺书》载明内容应当清晰，不得涂改，《承诺书》复印件无效。

　　二、工程建设期间，单位法定代表人、项目负责人发生变更，应按规定办理变更手续，继续签署《承诺书》，并按规定提交有关单位。质量终身责任范围按照变更日期及实际情况进行界定。

　　三、本《承诺书》应当分别提交工程质量监督机构、建设、监理等单位。建设工程竣工验收合格后，建设单位按规定将本《承诺书》移交城建档案管理部门，其他单位留存的《承诺书》由各单位按有关规定进行管理。

　　四、本《承诺书》应当由建设单位及时组织有关单位，集中张贴于工程项目部会议室等公共场所明显位置进行公示和备查。

承 诺 书

本人＿＿＿＿＿＿＿＿（身份证编号：＿＿＿＿＿＿＿＿＿＿＿＿＿＿＿＿＿＿＿＿）
受＿＿＿＿＿＿＿＿＿＿＿＿＿＿＿＿＿＿单位（法定代表人：＿＿＿＿＿＿）授权，担任
＿＿＿＿＿＿＿＿＿＿＿（工程名称）的监理单位的项目负责人（总监理工程师），对该工
程项目监理工作实施组织管理，并依法对该工程项目在设计使用年限内的工程质量承担相
应终身责任。本人将严格遵守职业道德，并代表监理单位和我本人作出如下郑重承诺：

一、严格按照《中华人民共和国建筑法》、《建设工程质量管理条例》、《中华人民共和
国城乡规划法》、《建设工程监理规范》等国家和北京市有关建设工程的法律法规、标准规
范、文件规定和工程设计文件、合同约定，认真履行监理单位项目负责人的职责和义务。
保证不违反法律法规和标准规范，不降低建设工程的监理质量标准。

二、本人持有符合规定且有效的执业资格注册证书，在符合注册许可范围和聘用单位
资质等级许可范围内进行执业。保证不以他人名义执业，不让其他人员借名替代，不超越
许可范围执业；保证不与建设、施工等单位串通、弄虚作假、降低工程质量。

三、建立健全质量管理体系，按照规定和合同约定配备与工程项目规模、特点和技术
难度相适应且具备相应资格和能力的监理人员，履行监理职责，落实监理责任。保证各监
理人员到岗履职，不使用不具备相应资格和能力的监理人员。

四、对于组织编制监理规划、审批监理实施细则、签发工程开工令、暂停令和复工令
等重要工作，保证不委托他人代办。

五、严格落实涉及结构安全的试块、试件及有关材料的见证取样送检制度，组织对施
工单位取样、封样、送检工作进行见证。保证见证过程不弄虚作假。

六、严格审查施工单位报审的质量文件资料，履行隐蔽工程、分部分项、竣工预验
收、竣工验收等质量验收职责。对审查、验收不合格的，保证不予认可签字。

七、愿意接受政府建设主管部门和有关单位的检查、考核、指导。保证对存在的问题
和隐患按要求整改，并按规定接受处理。

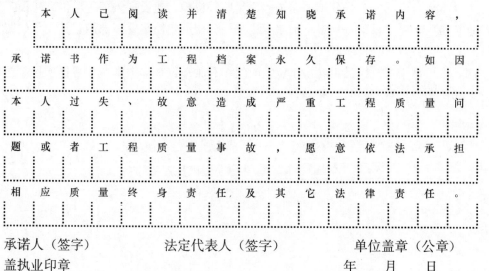

承诺人（签字）　　　　　法定代表人（签字）　　　　　单位盖章（公章）
盖执业印章　　　　　　　　　　　　　　　　　　　　年　月　日

[填表说明]

1.《北京市建设工程监理单位项目负责人工程质量终身责任承诺书》（以下简称《承诺书》）应在建设工程监理合同签订时，由监理单位法定代表人签署授权，是《总监理工程师任命书》的附件。

2.《承诺书》应写明总监理工程师姓名、注册监理工程师注册证书信息、身份证信息及授权时间等信息。

3. 建设单位名称应为建设工程监理合同的签订单位全称。

4. 工程名称应与建设工程施工许可证上的工程名称一致，若未办理建设工程施工许可证的工程，其工程名称应按建设工程监理合同的工程名称填写。

5. 承诺人信息表中"编号"应填写注册监理工程师注册号或注册证书编号，"类别"应填写注册监理工程师，"专业"应填写注册专业，"期限"应填写证书的有效时间。"户籍所在地"应与身份证一致。

6.《承诺书》的签字、抄写部分必须由本人亲自手书，不得代写。

7.《承诺书》打印或复印时，应采用双面打印或复印。

8. 监理单位法定代表人或总监理工程师发生变更时，应当在现有《承诺书》的基础上，明确划分有关工作职责范围，继续签署《承诺书》，签署时间应连续，能够涵盖整个工程建设周期。前后总监理工程师的《授权书》均应留存。

B. 1. 2 工程开工令用表的格式和编号宜采用现行北京市地方标准《建筑工程资料管理规程》DB11/T 695 表 B-2。

工程开工令 表 B-2		资料编号	
工程名称			

致：_____ （施工单位）

　　经审查，本工程已具备建设工程施工合同约定的开工条件，现同意你方开始施工，开工日期为_____年_____月_____日。

　　附件：工程开工报审表（B.2.3）

项目监理机构（盖章）

总监理工程师（签字、加盖执业印章）：

年　　月　　日

本表由监理单位填写，一式三份，监理单位、建设单位、施工单位各一份。

[填表说明]

1. 本表用于项目监理机构按照相关要求，完成对施工单位报送的《工程开工报审表》及相关资料的审核，核查开工条件后，确认施工单位开工的指令性文件。

2. 《工程开工令》应写明经核查本工程已具备建设工程施工合同约定的开工条件，同意开始施工及开工日期和签发时间，其中填写的开工日期作为施工单位计算工期的实际开工日期。

3. 《工程开工令》的签发人应为总监理工程师，并加盖项目监理机构章和总监理工程师执业印章。

4. 填写的工程名称应与建设工程施工许可证上的工程名称一致。

5. 填写的施工单位名称应为建设工程施工合同的签订单位的全称。

6. 本表必须附具《工程开工报审表》。

7. 可以根据合同要求和工程实际情况开具多个《工程开工令》，但开具的最小项目单位是子单位工程。

B.1.3 工作联系单用表的格式和编号宜采用现行北京市地方标准《建筑工程资料管理规程》DB11/T 695 表 B-16。

工作联系单 表 B-16		资料编号	
工程名称			

致：_____

发文单位

负责人（签字）：

年　　月　　日

本表由提出单位填写。

[填表说明]

1.《工作联系单》是项目监理机构与工程建设各方（包括建设、施工、勘察、设计和上级主管部门等）相互之间日常联系的一种书面形式，包括告知、督促、建议等事项。

2. 项目监理机构发出的《工作联系单》应由项目监理机构负责该事项的专业监理工程师签字，并经总监理工程师同意后发出。

3. 涉及重要告知内容的《工作联系单》，应有总监理工程师签发。重要工程联系单可以加盖项目监理机构章。

4. 对于监理人员口头指令发出后，仍未能消除质量缺陷和安全隐患，但又未达到发出《监理通知单》的程度，可以签发《工作联系单》，这类工作联系单应将涉及质量缺陷、安全隐患的具体情况表达清楚，列明整改要求和整改期限，并提出回复期限要求。

5.《工作联系单》应写明收文单位、事由、抄送单位和发文日期等，必要时应附照片或其他影像资料。

6. 填写的工程名称应与建设工程施工许可证上的工程名称一致。工程建设各方名称，应为全称，且为合同有效单位。

7. 工程在建其他各方联系类文件也可参照此表。

B.1.4 监理通知单用表的格式和编号宜采用现行北京市地方标准《建筑工程资料管理规程》DB11/T 695 表 B-4。

监理通知单 表 B-4		资料编号	
工程名称			

致：_____（施工项目经理部）

事由：

内容：

项目监理机构（盖章）

总/专业监理工程师（签字）：

年　　月　　日

本表由监理单位填写，一式三份，监理单位、建设单位、施工单位各一份。

[填表说明]

1. 《监理通知单》是针对施工单位出现的质量、安全、进度等问题而签发的要求施工单位整改的指令性文件。项目监理机构使用时应避免滥发或不发的情况，要维护其权威性。

2. 项目监理机构在施工过程中应视问题的影响程度和出现的频度，可先采取口头通知，对重要问题或口头通知无果的问题应及时签发《监理通知单》。

3. 经总监理工程师同意后，《监理通知单》可以由专业监理工程师签发，重要的《监理通知单》应由总监理工程师签发。《监理通知单》应加盖项目监理机构章。

4. 收到施工单位的《监理通知回复单》后，项目监理机构应及时对整改情况和附件资料进行复查，并在 24 小时内回复。《监理通知回复单》的监理签署人，一般为监理通知单的原签发人，重大问题由总监理工程师确认，并加盖监理项目机构章。

5. 填写的工程名称应与建设工程施工许可证上的工程名称一致。

6. 表中的"事由"应简要写明具体事件原因。

7. 表中的"内容"一般应写明该事件发生的时间、部位、问题及后果，整改要求和回复期限。

8. 应附工程问题隐患部位的照片或其他影像资料。

B.1.5 监理报告用表的格式和编号宜采用现行北京市地方标准《建筑工程资料管理规程》DB11/T 695 表 B-3。

监理报告 表 **B-3**		资料编号	
工程名称			

致：_____（主管部门）

　　由_____（施工单位）施工的

_____（工程部位），存在安全事故隐患。我方已于

_____年_____月_____日发出编号为_____的《监理通知单》/《工程暂停令》，但施工单位未整改/停工。

　　特此报告。

　　附件：□ 监理通知单
　　　　　□ 工程暂停令
　　　　　□ 其他

　　　　　　　　　　　　　　　　　　　　　　项目监理机构（盖章）
　　　　　　　　　　　　　　　　　　　　　　总监理工程师（签字）：

　　　　　　　　　　　　　　　　　　　　　　　　年　　月　　日

本表由监理单位填写。

[填表说明]

1. 项目监理机构在实施监理过程中，发现工程存在安全事故隐患时，应签发《监理通知单》，要求施工单位整改；情况严重时，应签发《工程暂停令》，并应及时报告建设单位。施工单位拒不整改或不停止施工时，项目监理机构应及时向有关主管部门报送《监理报告》。发出前，应报告建设单位和监理单位。

2. 紧急情况下项目监理机构通过电话、传真或电子邮件向有关主管部门报告，事后24 小时内形成《监理报告》。

3. 《监理报告》由总监理工程师签发，并加盖项目监理机构章。

4. 填写的工程名称应与建设工程施工许可证上的工程名称一致。

5. 应注明监理指令文件的文件编号和发文日期，并附具相关监理指令文件及工程问题隐患部位的照片或其他影像资料。

6. 可写明抄送单位。

B. 1. 6 工程暂停令用表的格式和编号宜采用现行北京市地方标准《建筑工程资料管理规程》DB11/T 695 表 B-5。

工程暂停令 表 B-5		资料编号	
工程名称			

致：_____（施工项目经理部）

　　由于_____
原因，现通知你方必须于_____年_____月_____日_____时起，暂停_____
_____部位（工序）施工，并按下述要求做好后续工作：

　　要求：

　　　　　　　　　　　　　　　　项目监理机构（盖章）
　　　　　　　　　　　　　　　　总监理工程师（签字、加盖执业印章）：

　　　　　　　　　　　　　　　　　　　　　　　年　　月　　日

本表由监理单位填写，一式三份，监理单位、建设单位、施工单位各一份。

［填表说明］

1. 《工程暂停令》是用于要求工程全部或局部暂停施工的监理指令性文件。

2. 具备规程所列的情况之一的，应发《工程暂停令》。

3. 总监理工程师应根据停工原因，确定暂停施工的部位、范围，并在《工程暂停令》中注明暂停工程的原因、停工部位（工序）、停工范围以及整改要求，同时附停工部位或事件的影像资料。

4. 《工程暂停令》应由总监理工程师签发，并加盖项目监理机构章和总监理工程师执业印章。

5. 签发《工程暂停令》前应征得建设单位同意。

6. 《工程暂停令》中的填写的时间作为工程停工的起始时间。

7. 遇需停工的假期（如春节），也应签发《工程暂停令》。

8. 填写的工程名称应与建设工程施工许可证上的工程名称一致。

B.1.7 工程复工令用表的格式和编号宜采用现行北京市地方标准《建筑工程资料管理规程》DB11/T 695 表 B-6。

工程复工令 表 B-6		资料编号	
工程名称			

致：＿＿＿＿＿＿＿＿＿＿＿＿＿＿＿＿＿＿＿＿＿＿＿＿＿＿＿＿＿＿＿＿＿（施工项目经理部）

　　我方发出的编号为＿＿＿＿＿＿＿＿＿＿＿＿＿＿＿＿＿＿＿＿＿＿《工程暂停令》，要求暂停施工的

＿＿＿＿＿＿＿＿＿＿＿＿＿＿＿＿＿＿＿＿＿＿＿＿＿＿＿部位（工序），经查已具备复工

条件。经建设单位同意，现通知你方于＿＿＿＿＿年＿＿＿月＿＿＿日＿＿＿时起恢复施工。

　　　　附件：工程复工报审表（B.2.5）

　　　　　　　　　　　　　　　　　项目监理机构（盖章）

　　　　　　　　　　　　　　　　　总监理工程师（签字、加盖执业印章）：

　　　　　　　　　　　　　　　　　　　　　　　　年　　月　　日

本表由监理单位填写，一式三份，监理单位、建设单位、施工单位各一份。

[填表说明]

1. 《工程复工令》是监理用于签发导致工程暂停施工原因消除、具备复工条件需要复工时的指令性文件。

2. 当施工现场具备复工条件时，施工单位提出复工申请的，项目监理机构应审查施工单位报送的《工程复工报审表》，符合要求后，总监理工程师应及时签署意见，并经建设单位同意后签发《工程复工令》。

3. 施工单位未提出复工申请的，总监理工程师可根据工程实际情况指令施工单位恢复施工。

4. 因非施工单位原因引起的工程暂停施工的，具备复工条件，总监理工程师应及时签发《工程复工令》。

5. 《工程复工令》应由总监理工程师签发，并加盖项目监理机构章和总监理工程师执业印章。

6. 《工程复工令》签发时间为总监理工程师同意或通知承包单位恢复施工及恢复施工的时间，应在工程复工申请签署时间之后，24小时内签署。

7. 《工程复工令》中的时间作为工程暂停施工的结束时间。

8. 《工程复工令》应对应《工程暂停令》同一事件发出。

9. 填写的工程名称应与建设工程施工许可证上的工程名称一致。

B. 1. 8 工程款支付证书用表的格式和编号宜采用现行北京市地方标准《建筑工程资料管理规程》DB11/T 695 表 B-12。

工程款支付证书 表 B-12	资料编号	
工程名称		

致：_____（建设单位）

　　根据建设工程施工合同约定，经审核编号为_____工程款支付报审表，扣除有关款项后，同意支付工程款共计（大写）_____

（小写_____）。

　　　　其中：

　　　　1. 施工单位申报款为：

　　　　2. 经审核施工单位应得款为：

　　　　3. 本期应扣款为：

　　　　4. 本期应付款为：

　　　　附件：工程款支付报审表（B. 2. 10）及附件

　　　　　　　　　　　项目监理机构（盖章）

　　　　　　　　　　　总监理工程师（签字、加盖执业印章）：

　　　　　　　　　　　　　　　　　　　　　年　　月　　日

本表由监理单位填写，一式三份，监理单位、建设单位、施工单位各一份。

124

［填表说明］

1. 《工程款支付证书》是项目监理机构依据建设单位与施工单位的合同以及工程款审定结果，签发的工程款支付证明文件。是建设单位拨付工程款的依据。

2. 根据规程要求《工程款支付证书》适用于工程预付款、工程进度款、工程竣工结算款、工程变更款和索赔款项的支付。

3. 由总监理工程师签发，并加盖项目监理机构章和总监理工程师执业印章。

4. "施工单位单位申报款"是指施工单位向项目监理机构填报《工程款支付报审表》中申报的工程款额。

5. "经审核施工单位应得款"是指经项目监理机构专业监理工程师对施工单位填报的《工程款支付报审表》审核后，核定的应得工程款金额。

6. "本期应扣款"是指建设工程施工合同约定应扣除的预付款及其他应扣除的工程款的总和。

7. "本期应付款"是指经项目监理机构审核施工单位应得款减去本期应扣款额的差额，即本次最终应支付的工程款。

8. 项目监理机构审查记录是指专业监理工程师对施工单位填报的《工程款支付报审表》及其附件的审查文件，包括审核明细清单。

9. 说明部分可以填写支付依据、支付累计、本期应扣款内容和公式以及其他需说明事项。

10. 表中工程款数额应真实、清晰，不得涂改。

11. 施工单位有关款项申请的相关文件应通过项目监理机构报建设单位。

B.1.9 见证人告知书用表的格式和编号宜采用现行北京市地方标准《建筑工程资料管理规程》DB11/T 695 表 B-13。

见证人告知书 表 **B-13**		资料编号	
工程名称			

致：_____（质量监督站）

_____（检测机构）

　　我单位决定，由_____同志担任_____工程见证取样和送检见证人。有关的印章和签字如下，请查收备案。

见证取样和送检印章	见证人签字	证书编号

建设单位（盖章）：

项目负责人：　　　　　　　　　　　　　　　　年　　月　　日

项目监理机构（盖章）：

总监理工程师：　　　　　　　　　　　　　　　年　　月　　日

施工项目经理部（盖章）：

项目经理：　　　　　　　　　　　　　　　　　年　　月　　日

本表由监理单位填写，一式五份，质量监督机构、检测机构、监理单位、建设单位、施工单位各一份。

[填表说明]

1. 《见证人告知书》是项目监理机构明确见证人员，并告知工程质量监督机构、检测机构、建设单位和施工单位的书面文件。

2. 项目监理机构应根据工程特点配备满足工程需要的见证人员，负责见证取样和送检以及实体见证工作。见证人员应由具备建设工程施工试验知识的专业技术人员担任，应在工程开工前确定。根据工程需要，见证人员可选择多名。

3. 见证人员确定后，应在见证前书面告知该工程的质量监督机构和承担相应见证试验的检测机构。

4. 见证人员和检测机构更换时，应在见证前重新填写《见证人告知书》。

5. 《见证人告知书》应加盖有见证取样和送检章，见证取样和送检章样式由监理单位确定。

6. 《见证人告知书》盖章均为项目机构章。建设单位、项目监理机构、施工项目经理部的签字人应为单位被授权人。

7. 见证人员签字应为本人签署。

8. 证书编号应为见证知识培训证书编号。

9. 《见证人告知书》也可用于实体见证。

B.2 监理审批、验收用表

B.2.1 施工现场质量管理检查记录用表的格式和编号宜采用现行北京市地方标准《建筑工程资料管理规程》DB11/T 695 表 C1-1。

施工现场质量管理检查记录 表 C1-1		资料编号		
工程名称		施工许可证		
建设单位		项目负责人		
设计单位		项目负责人		
监理单位		总监理工程师		
施工单位		项目负责人	项目技术负责人	
序号	项　目	主要内容		
1	项目部质量管理体系			
2	现场质量责任制			
3	主要专业工种操作岗位证书			
4	分包单位管理制度			
5	图纸会审记录			
6	地质勘察资料			
7	施工技术标准			
8	施工组织设计、施工方案编制及审批			
9	物资采购管理制度			
10	施工设施和机械设备管理制度			
11	计量设备配备			
12	检测试验管理制度			
13	工程质量检查验收制度			
14				
自检结果： 施工单位项目负责人： 　　　　年　月　日		检查结论： 总监理工程师： 　　　　年　月　日		

本表由施工单位填写，一式二份，监理单位、施工单位各一份。

［填表说明］

1.《施工现场质量管理检查记录》是施工单位提出开工报审前质量管理自检，总监理工程师同意开工报审、签发《工程开工令》之前对施工现场质量管理情况核验的检查记录。是工程开工应满足的基本要求，工程项目开工的条件包含但不限于表中所列内容。

2.《建筑工程施工质量验收统一标准》GB 50300—2013 规定，"施工现场应具有健全的质量管理体系、相应的施工技术标准、施工质量检验制度和综合施工质量水平评定考核制度。

工程开始施工前，建设单位应办理《建设工程施工许可证》，向参建各方提供地质勘查资料，组织设计单位进行设计交底，形成图纸会审记录；施工单位项目部应建立质量管理体系及其他质量管理制度，准备与本工程相关的施工技术规范、标准、图集等，编制并审核审批完成《施工组织总设计》、《单位工程施工组织设计》、临建及总平面布置方案、临水临电施工及平面布置方案、基坑支护、塔吊布置及安装方案、基础施工相关的方案、地下室防水施工等方案，配备测量用、质量检查用、试验检验用的计量设备；施工单位完成上述工作的自查工作后，将检查结果报监理，由总监理工程师签字、审批，形成《施工现场质量管理检查记录表》。"

3. 收到施工单位申报的《施工现场质量管理检查记录》，应由总监理工程师组织专业监理工程师逐项核查，符合要求，总监理工程师签认。不符合要求，应书面回复意见，过程资料留存于项目监理机构。

4. 具体详见示例。

B.2.1 施工现场质量管理检查记录用表（表 C1-1）示例

施工现场质量管理检查记录 表 C1-1			资料编号		00-00-C1-1-×××	
工程名称	×××办公楼等三项工程		施工许可证		×××	
建设单位	北京市×××有限公司		项目负责人		王××	
设计单位	×××设计院		项目负责人		李××	
监理单位	北京市×××监理公司		总监理工程师		刘××	
施工单位	北京市×××建筑公司	项目负责人	赵××	项目技术负责人		张××
序号	项 目		主要内容			
1	项目部质量管理体系		项目部组织机构已建立、管理人员已到岗，质量管理体系健全，各项管理制度已上墙。			
2	现场质量责任制		已建立岗位责任制，责任已到人。			
3	主要专业工种操作岗位证书		近期施工的主要专业工种岗位证书已检查并符合要求，人员已进行岗前培训。			
4	分包单位管理制度		分包管理制度已建立。			
5	图纸会审记录		图纸会审已完成，已形成记录并会签完成。			
6	地质勘察资料		已收到建设单位提供的地质勘查报告（编号×××）			
7	施工技术标准		与本工程有关施工技术标已备齐，具体详见清单。			
8	施工组织设计、施工方案编制及审批		施工组织设计及所需的施工方案已编制和审批完成			
9	物资采购管理制度		物资采购和管理制度、工作流程已建立。			
10	施工设施和机械设备管理制度		施工设施齐备，机械设备的管理制度已建立。			
11	计量设备配备		计量设备已准备就绪，并已经检定，所有设备均在在使用有效期范围。			
12	检测试验管理制度		检测试验管理制度已建立，试验人员已到岗，现场试验室已建立			
13	工程质量检查验收制度		施工质量检验制度、综合施工质量水平评定考核制度等各项质量检查验收制度已建立。			
14						
自检结果： 各项质量管理工作已自检完成。 施工单位项目负责人：赵××　年 月 日			检查结论： 经检查各项质量管理工作已落实，符合要求。 总监理工程师：刘××　年 月 日			

本表由施工单位填写，一式二份，监理单位、施工单位各一份。

B. 2. 2　施工组织设计/（专项）施工方案报审用表的格式和编号宜采用现行北京市地方标准《建筑工程资料管理规程》DB11/T 695 表 C1-3。

施工组织设计/（专项）施工方案报审表 表 C1-3	资料编号	
工程名称		

致：＿＿＿＿＿＿＿＿＿＿＿＿＿＿＿＿＿＿＿＿＿＿＿＿＿＿＿＿＿＿＿＿＿＿（项目监理机构）

　　我方已完成＿＿＿＿＿＿＿＿＿＿＿＿＿＿＿＿＿＿＿＿＿＿＿＿＿＿＿＿工程施工组织设计/（专项）施工方案的编制和审批，请予以审查。

　　附件：□ 施工组织总设计
　　　　　□ 施工组织设计
　　　　　□ 专项施工方案
　　　　　□ 施工方案

施工项目经理部（盖章）
施工单位项目负责人（签字）：
年　月　日

审查意见：

专业监理工程师（签字）：
年　月　日

审核意见：

项目监理机构（盖章）
总监理工程师（签字、加盖执业印章）：
年　月　日

审批意见（仅对超过一定规模的危险性较大的分部分项工程专项施工方案）：

建设单位（盖章）
项目负责人（签字）：
年　月　日

本表由施工单位填写，一式三份，监理单位、建设单位、施工单位各一份。

［填表说明］（施工组织设计）

1. 施工组织设计编制和审批要求如下：

1）施工组织总设计、施工组织设计应在工程开工前完成编制和审批。

2）施工组织总设计和施工组织设计应由施工单位项目负责人主持编制，项目技术负责人组织编写。

3）施工组织总设计应由施工单位技术负责人审批，施工组织设计应由施工单位技术负责人或其授权人审批。

4）施工单位应在开工前向项目监理机构报送经施工单位审批通过的施工组织设计。

2. 专业监理工程师审查施工组织设计意见应具体，可以包括如下内容，但不限于：

1）施工组织设计的编制、审核、批准签署齐全有效。

2）施工组织设计的内容符合工程建设强制性标准。

3）施工进度、施工方案及工程质量保证措施符合建设工程施工合同要求。

4）资金、劳动力、材料、设备等资源供应计划满足工程施工需要。

5）施工总平面布置合理。

6）安全技术措施符合工程建设强制性标准。

3. 总监理工程师审核施工组织设计意见可以包括，但不限于：

1）同意申报，可按照本施工组织设计执行。

2）修改后重新申报，具体修改建议见附件。

4. 需要施工单位修改时，应由总监理工程师签发书面意见退回施工单位修改，项目监理机构应针对报审的施工组织设计进行详细审查并给出书面的审查意见，作为附件附于报审表之后。经项目监理机构审查判定为"修改后重新申报"的《施工组织设计/（专项）施工方案报审表》，应存留于项目监理机构作为过程依据。施工项目经理部应根据项目监理机构的审批要求认真修订、完善《施工组织设计》并及时重新履行申报手续。

5. 施工方案在实施过程中，施工单位如需做较大的变动，仍应按原审批程序报批。

6. 签字、盖章要求

1）施工单位应加盖项目经理部章，项目经理应签字，如实填写申报日期。

2）项目监理机构应加盖项目监理机构章，总监理工程师应签字，并加盖执业印章，如实填写审批日期。

7. 项目监理机构应要求施工单位将上报的《施工组织设计》装订成册，并在封面处加盖施工单位公章，并附施工单位审批表。

［填表说明］（施工方案）

1. 施工方案编制和审批要求如下：

1）应在分部、分项工程施工前完成编制和审批。

2）施工方案应由施工单位项目技术负责人组织编写和审批，编制人应为具备资质的专业技术负责人；重要、复杂、特殊的分部、分项工程，其施工方案由项目技术负责人组织编写，由施工单位技术负责人或其授权人审批，

3）专业分包工程的施工方案应由专业分包单位项目负责人主持编制，项目技术负责人组织编写，分包单位技术负责人审批，加盖印章后报施工单位项目技术负责人审核

确认。

4）施工单位应在施工前向项目监理机构报送经审批通过的施工方案。

2. 专业监理工程师应针对报审的施工方案进行详细审查并给出书面的审查意见，作为附件附于报审表之后，可以包括如下内容，但不限于：

1）施工方案编审程序符合相关规定。

2）施工方案中工程保证措施符合相关标准的规定。

3）施工方案符合已批准施工组织设计要求。

3. 总监理工程师审核意见可包括，但不限于：

1）同意专业监理工程师的审查意见，按照本施工方案执行。

2）不同意专业监理工程师的审查意见，修改后重新申报，具体修改建议详见附件。

4. 经项目监理机构审查判定为"修改后重新申报"的《施工方案》及审批表，应留存于项目监理机构作为过程依据。施工项目经理部应根据项目监理机构的审批要求认真修订、完善《施工方案》并及时重新履行申报手续。

5. 施工方案在实施过程中，施工单位如需做较大的变动，仍应按原审批程序报批。

6. 签字、盖章要求

1）施工单位应加盖项目经理部章，项目经理应签字，如实填写申报日期。

2）项目监理机构应加盖项目监理机构章，总监理工程师应签字，并加盖执业印章，如实填写审批日期。

7. 项目监理机构应要求施工单位将上报的《施工方案》装订成册，并在封面处加盖施工项目经理部章，并附相关审批表。

［填表说明］（专项施工方案）

1. 专项施工方案编制和审批要求如下：

1）应在危险性较大的分部、分项工程或专项施工内容施工前完成编制和审批。

2）专项施工方案应由施工单位项目负责人主持编制，项目技术负责人组织编写，由施工单位技术负责人审批；需要论证的专项施工方案应组织专家论证。

3）专业分包工程的专项施工方案应由专业分包单位项目负责人主持编制，项目技术负责人组织编写，分包单位技术负责人审批，加盖印章后报施工单位技术负责人或其授权人审核确认。需要论证的专项施工方案应组织专家论证。

4）施工单位应在施工前向项目监理机构报送经审批通过的专项施工方案。经专家论证的专项施工方案需建设单位项目负责人签字。

2. 专业监理工程师应针对报审的专项施工方案进行详细审查并给出书面的审查意见，作为附件附于报审表之后。可以包括如下内容，但不限于：

1）编审程序符合相关规定。

2）安全技术措施符合工程建设强制性标准。

3）经审查，本方案已根据专家评审意见进行了修改和完善。

4）本方案应根据专家评审意见进行了修改，修改后重新申报。

3. 总监理工程师审核意见可包括，但不限于：

1）同意专业监理工程师的审查意见，按照本专项施工方案执行。

2）不同意专业监理工程师的审查意见，修改后重新申报，具体修改建议详见附件。

4. 经项目监理机构审查判定为"修改后重新申报"的《专项施工方案》及审批表，应留存于项目监理机构作为过程依据。施工项目经理部应根据项目监理机构的审批要求认真修订、完善《专项施工方案》并及时重新履行申报手续。

5. 专项施工方案在实施过程中，施工单位如需做较大的变动，仍应按原审批程序报批。

6. 签字、盖章要求

1）施工单位应加盖项目经理部章，项目经理应签字，如实填写申报日期。

2）项目监理机构应加盖项目监理机构章，总监理工程师应签字，并加盖执业印章，如实填写审批日期。

7. 项目监理机构应要求施工单位将上报的《专项施工方案》装订成册，并在封面处加盖施工单位公章，并附相关审批表。

B. 2. 3 工程开工报审用表的格式和编号宜采用现行北京市地方标准《建筑工程资料管理规程》DB11/T 695 表 C1-5。

<table>
<tr><td colspan="2" rowspan="2"><h2>工程开工报审表</h2> 表 C1-5 </td><td>资料编号</td><td></td></tr>
<tr><td colspan="2"></td></tr>
<tr><td>工程名称</td><td colspan="3"></td></tr>
<tr><td colspan="4">

致：_____（建设单位）

_____（项目监理机构）

　　我方承担的_____工程，已完成相关准备工作，具备开工条件，申请于_____年____月____日开工，请予以审批。

　　附件：证明文件资料

　　　　　　　　　　　　　　　施工单位（盖章）

　　　　　　　　　　　　　　　施工单位项目负责人（签字）：

　　　　　　　　　　　　　　　　　　　　　　　年 月 日
</td></tr>
<tr><td colspan="4">

审核意见：

　　　　　　　　　　　　　　　项目监理机构（盖章）

　　　　　　　　　　　　　　　总监理工程师（签字、加盖执业印章）：

　　　　　　　　　　　　　　　　　　　　　　　年 月 日
</td></tr>
<tr><td colspan="4">

审批意见：

　　　　　　　　　　　　　　　建设单位（盖章）

　　　　　　　　　　　　　　　项目负责人（签字）：

　　　　　　　　　　　　　　　　　　　　　　　年 月 日
</td></tr>
</table>

本表由施工单位填写，一式三份，监理单位、建设单位、施工单位各一份。

［填表说明］

1.《工程开工报审表》是施工单位在自查符合开工条件后，向项目监理机构报送工程开工申请用表。是《工程开工令》的附件。

2. 项目监理机构收到《工程开工报审表》后，应及时针对报来的证明文件资料、质量管理体系、项目现场情况进行核查，作出是否同意开工的判断。对于不同意开工的情况，也应及时反馈施工单位以采取完善措施。审批时限不宜超过一周。

3. 不同意的情况下，应对不满足要求的事项做出书面回复意见，以便施工单位继续完善。申报的相关文件留存项目监理机构，作为过程记录。

4. 总监理工程师组织对工程开工条件进行核查，核查的主要内容包括：

1）政府主管部门签发"建设工程施工许可证"的情况。

2）施工组织设计是否已通过项目总监理工程师审核。

3）测量控制桩是否已查验合格。

4）企业营业执照、资质和安全生产许可证是否有效。

5）施工单位项目经理部管理人员组成，是否为投标人员；施工管理人员是否已到位。

6）施工人员、施工机械是否已按计划进场。

7）近期使用主要材料供应是否已落实。

8）施工现场道路、水、电、通讯等是否已达到开工条件。

9）对毗邻建筑物、构筑物和地下管线专项保护是否采取措施，是否与建设单位办理交接。

10）施工试验室和见证试验室是否已落实。

11）是否已进行设计交底和图纸会审。

12）现场质量管理体系是否建立，《施工现场质量管理检查记录》是否已经检查签署。

13）影响开工的其他条件。

5. 本表所附证明文件资料应包括，但不限于：

1）施工现场质量管理检查记录。

2）施工许可证书和施工规划许可证复印件。

3）施工单位营业执照、企业资质、安全生产许可证书复印件，复印件需加盖施工单位公章。

4）项目组织机构和施工项目经理部管理人员机构表，机构表应包含姓名、项目岗位、执业资格或岗位名称、职称、联系方式等信息。

5）项目经理授权书、承诺书复印件、建造师注册证、职称证书复印件，复印件加盖施工单位公章。

6）项目技术负责人、专业技术负责人的任命书原件（需加盖施工单位公章）、职称证书复印件、社保证明复印件，复印件加盖施工单位公章。

7）施工项目经理部管理人员岗位证书复印件、职称证书复印件，复印件加盖施工单位公章。

8）毗邻建筑物、构筑物和地下管线移交证明文件。

9）近期使用特种人员的操作证书复印件，复印件加盖施工单位公章。

10）施工单位开工报告（鼓励和建议施工单位编制开工报告）。

6. 总监理工程师审核意见应包括，但不限于：

1）经审核，施工单位提交的相关证明资料以及现场各项施工准备工作能够满足开工需求，同意开工申请。

2）经审核，施工单位提交的相关证明资料以及现场各项施工准备工作不足以满足开工需求，不同意开工申请。

7. 建设单位审批意见：建设单位在监理单位审核批准的基础上，可简单批复"同意开工。"

8. 签字、盖章要求：

1）建设单位加盖建设单位公章或现场机构章，建设单位项目负责人签字。

2）施工单位应加盖施工单位公章，并由项目经理签字。

3）项目监理机构应加盖项目监理机构章，总监理工程师签字并加盖执业印章。

9. 本表申报部分的填写的日期不作为工程开工日期，最终开工日期以《工程开工令》签发的开工日期为准。

B.2.4 施工进度计划用表的格式和编号宜采用现行北京市地方标准《建筑工程资料管理规程》DB11/T 695 表 C1-4。

<table>
<tr>
<td colspan="2" align="center">施工进度计划报审表
表 C1-4</td>
<td align="center">资料编号</td>
<td></td>
</tr>
<tr>
<td align="center">工程名称</td>
<td colspan="3"></td>
</tr>
<tr>
<td colspan="4">
致：_____（项目监理机构）

　　根据建设工程施工合同的约定，我方已完成_____工程施工进度计划的编制和批准，请予以审查。

　　　　附件：□ 施工总进度计划
　　　　　　　□ 阶段性进度计划

施工项目经理部（盖章）
施工单位项目负责人（签字）：
年　月　日
</td>
</tr>
<tr>
<td colspan="4">
审查意见：

专业监理工程师（签字）：
年　月　日
</td>
</tr>
<tr>
<td colspan="4">
审核意见：

项目监理机构（盖章）
总监理工程师（签字）：
年　月　日
</td>
</tr>
</table>

本表由施工单位填写，一式三份，监理单位、建设单位、施工单位各一份。

［填表说明］

1. 本表用于项目监理机构确认施工进度计划的报审文件，是项目监理机构进度控制的依据。施工单位应按照约定向项目监理机构报送经施工单位审批通过的施工进度计划。

2. 申报部分：根据报审内容的不同，在"附件"栏分别勾选"施工总进度计划"或"阶段性进度计划"。

3. 专业监理工程师应对施工总进度计划/阶段性进度计划进行审查后签署意见，根据不同情况审查意见宜包括，但不限于：

1）施工进度计划的编制、审核、批准签署齐全有效。

2）施工进度计划符合建设工程施工合同中工期的约定。

3）施工进度计划中主要工程项目无遗漏，满足分批投入试运行、分批动用的需要，阶段性施工进度计划满足总进度计划目标的要求。

4）施工顺序的安排应符合施工工艺的要求。

5）施工人员和施工机械的配置、工程材料的供应计划应满足施工进度计划的需要。

4. 总监理工程师的审核意见宜包括，但不限于：

1）同意专业监理工程师的审查意见，可按照本施工总进度计划/阶段性进度计划执行。

2）不同意专业监理工程师的审查意见，"施工单位修改后重新申报。具体修改建议详见附件"等。

5. 经项目监理机构审查判定为"修改后重新申报"的《施工进度计划报审表》，应留存于项目监理机构作为过程记录。施工单位应根据项目监理机构的审批要求认真修订、完善《施工进度计划报审》并及时履行重新申报手续。

6. 根据合同工期编制的施工总进度计划应在《工程开工令》发出之前报项目监理机构审批。在项目监理机构下达《工程开工令》后，施工单位应按照合同约定时间向项目监理机构报审实际施工总进度计划。经批准的实际施工总进度计划是工期延期的依据之一。当工期需要调整，应重新申报调整后的施工总进度计划。

8. 签字、盖章要求：

1）施工单位应加盖项目经理部章，项目经理应签字，并注明报审时间。

2）项目监理机构应加盖项目监理机构章，总监理工程师签字，并注明审核时间。

B.2.5 工程复工报审用表的格式和编号宜采用现行北京市地方标准《建筑工程资料管理规程》DB11/T 695 表 C1-6。

工程复工报审表 **表 C1-6**		资料编号	
工程名称			

致：_____（项目监理机构）

  编号为_____《工程暂停令》所停工的_____部位（工序）
已满足复工条件，我方申请于_____年____月____日复工，请予以审批。

  附件：证明文件资料

               施工项目经理部（盖章）
               施工单位项目负责人（签字）：
                    年 月 日

审核意见：

               项目监理机构（盖章）
               总监理工程师（签字、加盖执业印章）：
                    年 月 日

审批意见：

               建设单位（盖章）
               项目负责人（签字）：
                    年 月 日

本表由施工单位填写，一式三份，监理单位、建设单位、施工单位各一份。

［填表说明］

1.《工程复工报审表》是施工单位在暂停施工因素消除后，向项目监理机构报送工程复工申请用表。是《工程复工令》的附件。

2. 项目监理机构收到《工程复工报审表》后，总监理工程师应组织专业监理工程师对工程暂停因素的进行核查。因施工单位原因暂停施工的，项目监理机构应及时检查施工单位的停工整改过程，验收整改结果。

3. 本表所附证明文件资料应包括，但不限于：

1）施工单位复工报告，针对对应的《工程暂停令》中所描述的引起工程暂停的原因，在经过整改、处理后的现状进行描述，以证明原因已消失，具备复工条件。

2）相关影像证明资料。

4. 总监理工程师签署审核意见包括，但不限于：

1）经审核，施工单位提交的证明文件资料可以证明引起工程暂停的原因已消除，具备复工条件。同意复工。

2）经审核，施工单位提交的证明文件资料无法证明引起工程暂停的原因已消除，尚不具备复工条件。不同意复工。

5. 不同意复工的情况下，项目监理机构应对未消除的原因做出描述，并以书面形式答复，以便施工单位继续整改。申报的相关文件留存于项目监理机构，作为过程记录。

6. 建设单位在项目监理机构审核的基础上独立做出是否同意复工的判断，并签署"同意复工"或"不同意复工"。不同意复工的情况下也应书面说明理由。

7. 签字、盖章要求：

1）建设单位应加盖建设单位公章或现场机构章，项目负责人签字，并注明审批日期；

2）施工单位应加盖项目经理部章，项目经理签字，并注明申报日期；

3）项目监理机构加盖项目监理机构章，总监理工程师签字，并注明审核日期。

B.2.6 工程临时/最终延期报审用表的格式和编号宜采用现行北京市地方标准《建筑工程资料管理规程》DB11/T 695 表 C1-7。

工程临时/最终延期报审表 表 C1-7		资料编号	
工程名称			

致：_____ （项目监理机构）

　　根据建设工程施工合同_____ （条款），由于_____
原因，我方申请工程临时/最终延期_____ （日历天），请予以批准。

　　　　附件：1. 工程延期依据及工期计算
　　　　　　　2. 证明材料

施工项目经理部（盖章）

施工单位项目负责人（签字）：

年　月　日

审核意见：

　□ 同意工程临时/最终延期_____ （日历天）。工程竣工日期从建设工程施工合同约定
的_____年_____月_____日延迟到_____年_____月_____日。

　□ 不同意延期，请按约定竣工日期组织施工。

项目监理机构（盖章）

总监理工程师（签字、加盖执业印章）：

年　月　日

审批意见：

建设单位（盖章）

项目负责人（签字）：

年　月　日

本表由施工单位填写，一式三份，监理单位、建设单位、施工单位各一份。

［填表说明］

1. 当影响工期事件具有持续性时（即持续事件发生时），项目监理机构应对施工单位提交的阶段性《工程临时延期报审表》进行审查，并应签署工程临时延期审核意见后报建设单位。

2. 当影响工期事件结束后，项目监理机构应对施工单位提交的《工程最终延期报审表》进行审查，并应签署工程最终延期审核意见后报建设单位。

3. 《工程临时/最终延期报审表》附件一般包括以下内容：

1）有关延期事件描述的报告。

2）工程延期依据。

3）申请延期时间计算资料。

4）有关延期的其他证明资料、文件、记录。

4. 不同意延期的情况下，项目监理机构应对不同意的原因做出描述，应以书面形式答复。申报的相关文件留存于项目监理机构作为过程记录。

5. 建设单位在项目监理机构审核的基础上独立做出是否同意延期的判断，并签署"同意工期延期"或"不同意工期延期"。不同意的情况下也应书面说明理由。

6. 签字、盖章要求：

1）建设单位应加盖建设单位公章或现场机构章，项目负责人签字，并注明审批日期。

2）施工单位应加盖项目经理部章，项目经理签字，并注明申报日期。

3）项目监理机构加盖项目监理机构章，总监理工程师签字，并注明审核日期。

B.2.7 分包单位资质报审用表的格式和编号宜采用现行北京市地方标准《建筑工程资料管理规程》DB11/T 695 表 C1-8。

<table>
<tr>
<td colspan="2" rowspan="2" style="text-align:center">分包单位资质报审表
表 C1-8</td>
<td style="text-align:center">资料编号</td>
<td></td>
</tr>
<tr>
<td></td>
<td></td>
</tr>
<tr>
<td style="text-align:center">工程名称</td>
<td colspan="3"></td>
</tr>
<tr>
<td style="text-align:center">施工单位</td>
<td colspan="3"></td>
</tr>
<tr>
<td style="text-align:center">分包单位</td>
<td></td>
<td style="text-align:center">报审日期</td>
<td></td>
</tr>
<tr>
<td colspan="4">
致：_____（项目监理机构）

    经考察，我方认为拟选择的 _____（专业承包单位）具有承担下列工程的施工资质和施工能力，可以保证本工程项目按合同的约定进行施工。分包后，我方仍然承担施工单位的责任。请予以审查和批准。

    附：1. 分包单位资质资料
        2. 分包单位业绩资料
        3. 中标通知书
        4. 安全生产许可证
        5. 分包单位项目负责人的授权书
        6. 专职管理人员和特种作业人员的资格
        7. 分包单位与施工单位签订的安全生产管理协议
</td>
</tr>
<tr>
<td style="text-align:center">分包工程名称（部位）</td>
<td style="text-align:center">工 程 量</td>
<td style="text-align:center">分包工程合同额</td>
<td style="text-align:center">备 注</td>
</tr>
<tr>
<td></td>
<td></td>
<td></td>
<td></td>
</tr>
<tr>
<td></td>
<td></td>
<td></td>
<td></td>
</tr>
<tr>
<td style="text-align:center">合 计</td>
<td></td>
<td></td>
<td></td>
</tr>
<tr>
<td colspan="4">
                施工项目经理部（盖章）
                施工单位项目负责人（签字、加盖执业印章）：
                                            年 月 日
</td>
</tr>
<tr>
<td colspan="4">
审查意见：

                专业监理工程师（签字）：
                                            年 月 日
</td>
</tr>
<tr>
<td colspan="4">
审核意见：

                项目监理机构（盖章）
                总监理工程师（签字、加盖执业印章）：
                                            年 月 日
</td>
</tr>
</table>

本表由施工单位填写，一式三份，监理单位、建设单位、施工单位各一份。

［填表说明］

1. 本表用于分包工程的专业承包单位进场审批，也可用于预拌混凝土搅拌站、检测单位、钢筋供应企业、钢结构加工单位等单位审批。

2. 分包工程开工前（可在施工单位发出分包工程中标通知书后或签订分包工程合同前），项目监理机构应审核施工单位报送的《分包单位资质报审表》，专业监理工程师提出审查意见后，应由总监理工程师审核签认。

3. 申报部分：表格中填写清楚拟选择的分包单位名称全称，对应的施工范围（部位、工程量及合同额）应与分包合同一致，并填写在列表中。施工部位应明确填写，工程量和合同额不得以代号、模糊数字代替。

4. 附件内容应不限于表中 7 项内容，还应包括专业承包合同及备案表、专业承包单位项目组织机构和机构人员表、分包工程施工组织设计和施工方案审批。

5. 附件所提供的复印件应加盖专业承包单位公章，若为施工单位提供的复印件应加盖施工单位项目经理部章，并注明原件存放处。

6. 专业监理工程师应对报审表所列施工范围及附件进行审查后签署意见，审查意见包括，但不限于：

1）经审查，该分包单位满足相应施工范围施工的资质要求，申报资料齐全，拟同意申报，请总监理工程师审核。

2）经审查，该分包单位申报资料不符合要求，拟不同意申报。具体意见详附件。

7. 总监理工程师的审核意见包括，但不限于：

1）同意申报，该分包单位可在指定的施工范围内开展施工。

2）不同意申报，不允许该单位进场开展施工。

8. 对于项目监理机构未能同意分包单位报审的报审表、附件以及项目监理机构的书面审查意见留存于项目监理机构作为过程记录。

9. 签字、盖章要求：

1）施工单位应加盖项目经理部章，项目经理应签字、加盖执业印章，并填写申报时间；

2）项目监理机构加盖项目监理机构章，专业监理工程师签字，并填写审查时间；总监理工程师签字、加盖执业印章，并填写审核时间。

B.2.8 工程变更费用报审用表的格式和编号宜采用现行北京市地方标准《建筑工程资料管理规程》DB11/T 695 表 C1-12。

工程变更费用报审表 表 C1-12							资料编号	
工程名称							日期	年 月 日

致：＿＿＿＿＿＿＿＿＿＿＿＿＿＿＿＿＿＿＿＿＿＿＿＿＿＿＿＿＿＿＿（项目监理机构）

　　根据第（　　　）号设计变更通知单/工程变更洽商记录，申请费用如下表，请审核。

项目名称	变更前			变更后			工程款 增（＋）减（一）
	工程量	单价	合价	工程量	单价	合价	

施工单位（盖章）：　　　　　　　　　施工单位项目负责人（签字）：

　　　　　　　　　　　　　　　　　　　　　　　年　月　日

专业监理工程师审核意见：

项目监理机构（盖章）：　　　　　专业监理工程师（签字）：

　　　　　　　　　　　　　　　　总监理工程师（签字）：

　　　　　　　　　　　　　　　　　　　　　　　年　月　日

审批意见：

建设单位（盖章）　　　　　　　　项目负责人（签字）：

　　　　　　　　　　　　　　　　　　　　　　　年　月　日

本表由施工单位填写，监理单位签署审批意见。

［填表说明］

1. 本表用于工程变更款项最终结算时的申报和审批。

2. 《工程变更费用报审表》附件一般包括：

1）设计变更通知单或工程洽商记录。

2）申报的变更费用清单及明细。

3）变更过程现场影像资料。

4）变更工程验收合格证明。

5）工程量现场确认单（含现场测量记录和影像资料）。

6）变更单价组成明细表及确认单。

3. 专业监理工程师审核意见应包括以下内容，但不限于：

1）审核变更金额为（大写），审增减情况，并报建设单位审批。

2）具体审核意见和审核的费用清单及明细详见附件。

4. 建设单位在项目监理机构审核的基础上独立或聘请第三方做出审查，经协商后签署"同意监理意见"或"不同意监理意见"的审批意见。不同意的情况下应书面说明理由，返回项目监理机构。

5. 签字、盖章要求：

1）施工单位应加盖项目经理部章，由项目经理签字。

2）项目监理机构加盖项目监理机构章，并由专业监理工程师、总监理工程师签字确认，总监理工程师应加盖执业印章。

3）建设单位应加盖建设单位公章或现场机构，由建设单位项目负责人签字。

6. 工程变更款的支付应按照合同的约定方式和时间支付。

B.2.9 费用索赔报审用表的格式和编号宜采用现行北京市地方标准《建筑工程资料管理规程》DB11/T 695 表 C1-10。

<table>
<tr>
<td colspan="2" align="center">**费用索赔报审表**
表 C1-10</td>
<td align="center">资料编号</td>
<td></td>
</tr>
<tr>
<td align="center">工程名称</td>
<td colspan="3"></td>
</tr>
<tr>
<td colspan="4">

致：_____（项目监理机构）
　　根据建设工程施工合同_____条款的规定，由于_____
_____的原因，我方申请索赔金额（大写）_____元，请予批准。

索赔理由：

附件：□ 索赔金额计算
　　　□ 证明材料

　　　　　　　　　　　　　　　　　　　　施工项目经理部（盖章）
　　　　　　　　　　　　　　　　　　　　施工单位项目负责人（签字）：
　　　　　　　　　　　　　　　　　　　　　　　　　　　　　年　月　日
</td>
</tr>
<tr>
<td colspan="4">

审核意见：

　　　　□ 不同意此项索赔
　　　　□ 同意此项索赔，索赔金额为（大写）
　　　　　　同意/不同意索赔的理由：
　　　　附件：□索赔审查报告

　　　　　　　　　　　　　　　　　　　　项目监理机构（盖章）
　　　　　　　　　　　　　　　　　　　　总监理工程师（签字、加盖执业印章）：
　　　　　　　　　　　　　　　　　　　　　　　　　　　　　年　月　日
</td>
</tr>
<tr>
<td colspan="4">

审批意见：

　　　　　　　　　　　　　　　　　　　　建设单位（盖章）
　　　　　　　　　　　　　　　　　　　　项目负责人（签字）：
　　　　　　　　　　　　　　　　　　　　　　　　　　　　　年　月　日
</td>
</tr>
</table>

本表由施工单位填写，一式三份，监理单位、建设单位、施工单位各一份。

［填表说明］

1. 本表用于发生索赔事件后，索赔费用的申请和审批。

2.《费用索赔报审表》申报附件一般包括以下内容，但不限于：

1）索赔事件说明。

2）索赔依据资料及相应条款。

3）申报索赔费用清单及金额计算。

4）索赔事件现场影像资料。

5）工程量现场确认单。

6）其他证明材料。

3.《费用索赔报审表》审核意见附件一般包括以下内容，但不限于：

1）索赔审查报告。

2）审查依据资料。

3）审核索赔费用清单及金额计算。

4）其他证明材料。

4. 索赔审查报告内容应包括以下内容，但不限于：

1）索赔事件概况。

2）审查依据和合同条款。

3）申报证明材料分析。

4）索赔费用审核情况。

5）综合结论和理由。

5. 项目监理机构是否同意索赔，具体意见应在索赔审查报告中体现。

6. 建设单位在项目监理机构审核的基础上独立或聘请第三方做出审查，经协商签署"同意监理意见"或"不同意监理意见"的审批意见。不同意的情况下应书面说明理由，返回项目监理机构。

7. 签字、盖章要求：

1）施工单位应加盖项目经理部章，由项目经理签字。

2）项目监理机构加盖项目监理机构章，由总监理工程师签字确认并加盖执业印章。

3）建设单位应加盖建设单位公章或现场机构章，由建设单位项目负责人签字。

8. 费用索赔的支付应按照合同约定的条件和时间支付。

B. 2. 10 工程款支付报审用表的格式和编号宜采用现行北京市地方标准《建筑工程资料管理规程》DB11/T 695 表 C1-11。

<table>
<tr><td colspan="2" rowspan="2">**工程款支付报审表**
表 C1-11</td><td>资料编号</td><td></td></tr>
<tr><td colspan="2"></td></tr>
<tr><td>工程名称</td><td colspan="3"></td></tr>
<tr><td colspan="4">

致：_____（项目监理机构）

　　根据建设工程施工合同约定，我方已完成了_____工作，建设单位应在_____年____月____日前支付该项工程款共计（大写）_____，（小写_____），请予以审批。

　　附件：
　　　　□ 已完成工程量报表
　　　　□ 工程竣工结算证明资料
　　　　□ 相应支持性文件

施工项目经理部（盖章）

施工单位项目负责人（签字）：

年　月　日

</td></tr>
<tr><td colspan="4">

审查意见：

　　1. 施工单位应得款为：
　　2. 本期应扣款为：
　　3. 本期应付款为：
　　附件：相应支持性材料

专业监理工程师（签字）：

年　月　日

</td></tr>
<tr><td colspan="4">

审核意见：

项目监理机构（盖章）

总监理工程师（签字、加盖执业印章）：

年　月　日

</td></tr>
<tr><td colspan="4">

审批意见：

建设单位（盖章）

项目负责人（签字）：

年　月　日

</td></tr>
</table>

本表由施工单位填写，一式三份，监理单位、建设单位、施工单位各一份；工程竣工结算报审时本表一式四份，监理单位、建设单位各一份、施工单位二份。

［填表说明］

1.《工程款支付报审表》用于工程预付款、工程进度款、竣工结算款等的支付报审，也作为施工单位工程款的支付申请。

2. 申报部分的填写：

1）填写部分应按照合同支付节点要求的工作内容填写。如"我方已完成××××年××月的工作"或"我方已完成主体结构工程验收的工作"。

2）建设单位的支付时间应为合同约定本次支付的最迟时间。

3）填写的工程款金额大写与小写不一致时，以大写为准。

4）附件中已完成工程量报表，可包括本期已完工程支付清单及明细表、本期已完工程量清单及明细、材料调差表及明细等。

5）附件中的工程竣工结算证明材料，包括竣工结算定案表等。

6）相应支持性文件可包括本次审核的编制说明、工程验收合格证明、工程量确认证明文件、工程确价证明文件、工程保函类、施工人员保险证明等文件。

首次支付的相应支持性文件应包括预付款保函、履约保函、中标通知书；农民工工伤险、施工人员意外伤害险等保险证明。

相应支持性文件还包括合同约定的其他证明材料。

7）首次支付的相应支持性文件应包括预付款保函、履约保函、中标通知书；农民工工伤险、施工人员意外伤害险等保险证明。

8）相应支持性文件还包括合同约定的其他证明材料。

9）应在所附附件类型前"□"处划"√"。

3. 专业监理工程师审查部分的填写：

1）施工单位应得款的审核：专业监理工程师应依据建设工程施工合同的工程量清单对施工单位申报的已完工程量和支付金额进行复核，确定实际完成的工程量及应得款。

2）本期应扣款：建设工程施工合同约定本期应扣除的预付款及其他应扣除的工程款的总和。

3）本期应付款：经审核施工单位应得款减去本期应扣款额的差额，即本次最终应支付的工程款。

4）附件的相应支持性文件，可包括项目监理机构审核的本期已完工程支付清单及明细表、本期已完工程量清单及明细、截至本期的工程款已支付累计台账、截至本期已扣款累计台账等。

4. 总监理工程师审核部分的填写：

1）同意专业监理工程师意见应填写"经审核，同意专业监理工程师审查结果，请建设单位审批。"

2）不同意专业监理工程师意见应填写"经审核，审查结果需修改，请修改后再报。"，除特殊情况外，专业监理工程师应将审查结果事先与总监理工程师沟通，尽量不填写不同意的意见。

5. 建设单位审批意见部分的填写：

1）同意总监理工程师意见，支付本次款共计人民币（大写）×××。

2）不同意本期审核意见，修改后再行申报。

3）当建设单位不同意时，应将审批意见书面通知项目监理机构，由项目监理机构通知施工单位。

6. 项目监理机构在审查审核《工程款支付报审表》时，应特别注意合同约定的时效性。

7. 项目监理机构审核的工程量应为已完成的验收合格的工程量。

8. 签字、盖章要求：

1）施工单位应加盖项目经理部章，由项目经理签字。

2）项目监理机构加盖项目监理机构章，由总监理工程师签字确认并加盖执业印章。

3）建设单位应加盖建设单位公章或现场机构章，由建设单位项目负责人签字。

B. 2. 11　监理通知回复单的格式和编号宜采用现行北京市地方标准《建筑工程资料管理规程》DB11/T 695 表 C1-13。

监理通知回复单 表 C1-13		资料编号	
工程名称			
致：_____（项目监理机构） 　　　我方接到编号为_____监理通知单后，已按要求完成了相关工作，特此回复，请予以复查。 　　附件：需要说明的情况 　　　　　　　　　　　　　　　　　施工项目经理部（盖章） 　　　　　　　　　　　　　　　　　施工单位项目负责人（签字）： 　　　　　　　　　　　　　　　　　　　　　　　年　月　日			
复查意见： 　　　　　　　　　　　　　　　　　项目监理机构（盖章）： 　　　　　　　　　　　　　　　　　总监理工程师/专业监理工程师（签字）： 　　　　　　　　　　　　　　　　　　　　　　　年　月　日			

本表由施工单位填写，一式三份，监理单位、建设单位、施工单位各一份。

［填表说明］

1. 本表是用于施工单位按照《监理通知》的要求整改，自检合格后，向项目监理机构报送的回复意见。

2. 收到施工单位的监理通知回复单后，项目监理机构应及时对整改情况和附件资料进行复查，并在 24 小时（或合同约定时间）内签署意见。

3. 施工单位填写部分：

1）应填写对应监理通知的编号。

2）需要说明的情况：包括落实整改的过程、结果及自检情况，必要时附整改相关证明（包括检查记录等），对应监理通知逐条说明。

应附监理通知对应部位的照片和其他影像资料。建议以整改报告的形式做说明。

4. 项目监理机构复查意见部分：

1）同意可填"经现场复查，施工单位已按通知要求进行了整改，隐患已消除。"

2）当选择不同意时，应说明原因、处理办法和措施。可填"经现场检查，通知中的第×条已整改，但第××整改未达要求，应在×日×时整改完毕，具体意见××××××。"

5. 签字、盖章要求：

1）《监理通知回复单》的项目监理机构签属人，一般为监理通知的原签发人，也可由总监理工程师签署，并加盖项目监理机构章。

2）施工单位项目经理应签字，并加盖施工项目经理部章。

B.2.12 工程定位测量记录的格式和编号宜采用现行北京市地方标准《建筑工程资料管理规程》DB11/T 695 表 C3-1。

工程定位测量记录 表 C3-1		资料编号		
工程名称		委托单位		
施工单位		监理单位		
图纸编号		施测日期	年 月 日	
平面坐标依据		复测日期	年 月 日	
高程依据		使用仪器		
允许误差		仪器校验日期	年 月 日	
定位抄测示意图（或附图）：				
复测结果：				

签字栏	专业监理工程师	专业技术负责人	测量负责人	复测人	施测人

制表日期	年 月 日

本表由施工单位填写，一式四份，监理单位、建设单位、施工单位、城建档案馆各一份。

[填表说明]

1.《工程定位测量记录》适用于工程楼座定位桩及场地控制网（或建筑物控制网）、建筑物±0.000标高的控制点的测设。

2.《工程定位测量记录》应依据建设单位提供的有相应测绘资质部门出具的测绘成果确定，施工单位填写工程定位测量记录，项目监理机构进行核查。

3. 施工单位填写部分：

1）"委托人"：如果需要委托第三方测设，需要填写委托人，如果由施工单位自行完成可不填写。

2）"图纸编号"：一般为总平面布置图的图纸编号。

3）"平面坐标依据"、"高程依据"：应依据建设单位提供的有相应测绘资质的部门出具的测绘成果报告，需要填写报告名称和编号。

4）施测日期和复测日期均为施工单位施测和复测的日期。

5）使用仪器：应写仪器名称、品牌、型号。

6）仪器校验日期：应为使用仪器检定证书标明的日期。

7）"允许误差"：应为规范、设计要求或已批准的测量方案确定的精度偏差。

8）定位抄测示意图：应标明测设点的编号、相对位置、坐标等。

9）复测结果：应由复测单位填写，应有结论、复测允许偏差值、精度偏差等数据。

4. 专业监理工程师核查内容：

1）应核查施工单位施测人、复测人的资格证书。

2）应核查使用仪器的检定证书和有效期。

3）应核查允许偏差是否符合规范、设计要求。

4）施测方法、步骤和控制桩的保护是否符合已批准的测量方案要求。

5）应对施工单位报送的测设成果进行复测确定无误且应满足相应的精度要求。

5. 签字、盖章要求：

1）施工单位应在测设工作完成后，分别填写相应的表格，由专业技术负责人、测量负责人、复测人和施测人分别签字。

2）专业监理工程师签字并注明审查时间。

6. 制表日期应为向项目监理机构报审之前，复测日期之后。

B. 2. 13　材料、构配件进场检验记录宜采用现行北京市地方标准《建筑工程资料管理规程》DB11/T 695 表 C4-44 的格式填写。

材料、构配件进场检验记录 表 C4-44					资料编号		
工程名称					进场日期		年　月　日
施工单位					分包单位		
序号	名　称	规格型号	进场数量	生产厂家	质量证明文件核查	外观检验结果	复验情况
1					符合 □ 不符合 □	合格 □ 不合格 □	不需复验□ 复验合格□ 复验不合格□
2					符合 □ 不符合 □	合格 □ 不合格 □	不需复验□ 复验合格□ 复验不合格□
3					符合 □ 不符合 □	合格 □ 不合格 □	不需复验□ 复验合格□ 复验不合格□
4					符合 □ 不符合 □	合格 □ 不合格 □	不需复验□ 复验合格□ 复验不合格□
5					符合 □ 不符合 □	合格 □ 不合格 □	不需复验□ 复验合格□ 复验不合格□
施工单位检查意见： 　　外观及质量证明文件：　　符合要求 □　不符合要求 □　　日期：　　年　月　日 　　需要复验项目的复验结论：符合要求 □　不符合要求 □　　日期：　　年　月　日 　　附件共（　）页							
监理单位审查意见： 　　符合要求，同意使用□　不符合要求，退场 □　　　　日期：　　年　月　日							
签字栏	施工单位材料验收负责人		分包单位材料验收负责人			专业监理工程师	
制表日期		年　月　日					

注：1. 本表由施工单位填写，监理单位、建设单位、施工单位各一份。

　　2. 本表由专业监理工程师签字批准后代替材料进场报验表。

　　3. 材料进场应按专业验收规范的规定进行检验，本表可代替材料进场检验批验收记录。

［填表说明］

1. 《材料、构配件进场检验记录》是材料、构配件进场的施工物资验收类文件，是允许进场使用的证明文件。本表由专业监理工程师签字批准后代替材料进场报验表和材料进场检验批验收记录。

2. 验收程序及填报程序：材料、构配件进场后，施工单位应首先对材料、构配件的外观和质量证明文件进行自检，然后会同专业监理工程师进行外观和质量证明文件的核验，填写记录。需要复验的进行取样试验，待复验报告返回，再次填写记录，各方签字。

3. 填写要求：

1) 应准确填写工程材料、构配件进场时间、名称、规格型号、进场数量、生产厂家，同一进场时间、同专业的材料可填写在一张表上。

2) 质量证明文件的核查、外观检验结果、复验情况是由施工单位和专业监理工程师共同分两次检查、填写，采用在"□"中"√"选的方式。

3) 进场日期：应为材料、构配件进入现场（进料单）的日期为准。

4) 制表日期：应为材料、构配件进现场日期和向项目监理机构申报的日期之间。

5) 外观及质量证明文件检查日期为施工单位和项目监理机构共同进行外观及质量证明文件检查的日期。

6) 需要复验项目的复验结论日期为试验报告的日期。

7) 监理单位审查意见的日期为专业监理工程师签署材料、构配件是否允许使用的日期。

4. 附件包括，但不限于：

1) 质量证明文件。

2) 进场外观、性能检测记录。

3) 施工进场试验记录。

4) 复验报告。

5. 签字、盖章要求：

1) 施工单位和分包单位签字人为施工单位（分包单位）材料验收负责人，可以是材料员也可以是质检员，具体由施工单位确定。

2) 项目监理机构应由专业监理工程师签字，注明审查日期。

6. 特别注意：材料、构配件进场不代表允许使用，只有专业监理工师签字同意后，方可允许使用。

B.2.14 设备开箱检验记录的格式和编号宜采用现行北京市地方标准《建筑工程资料管理规程》DB11/T 695 表 C4-45。

<table>
<tr><td colspan="2" rowspan="2" style="text-align:center">设备开箱检验记录
表 C4-45</td><td colspan="2">资料编号</td><td></td></tr>
<tr><td></td><td></td><td></td></tr>
<tr><td>工程名称</td><td></td><td colspan="2">检查日期</td><td>年　月　日</td></tr>
<tr><td>设备名称</td><td></td><td colspan="2">规格型号</td><td></td></tr>
<tr><td>生产厂家</td><td></td><td colspan="2">产品合格证编号</td><td></td></tr>
<tr><td>总数量</td><td></td><td colspan="2">检验数量</td><td></td></tr>
<tr><td colspan="5" style="text-align:center">进场检验记录</td></tr>
<tr><td>包装情况</td><td colspan="4"></td></tr>
<tr><td>随机文件</td><td colspan="4"></td></tr>
<tr><td>备件与附件</td><td colspan="4"></td></tr>
<tr><td>外观情况</td><td colspan="4"></td></tr>
<tr><td>测试情况</td><td colspan="4"></td></tr>
<tr><td colspan="5" style="text-align:center">缺、损附备件明细</td></tr>
<tr><td>序号</td><td>附备件名称</td><td>规格</td><td>单位</td><td>数量</td><td>备注</td></tr>
<tr><td></td><td></td><td></td><td></td><td></td><td></td></tr>
<tr><td></td><td></td><td></td><td></td><td></td><td></td></tr>
<tr><td></td><td></td><td></td><td></td><td></td><td></td></tr>
<tr><td></td><td></td><td></td><td></td><td></td><td></td></tr>
<tr><td></td><td></td><td></td><td></td><td></td><td></td></tr>
<tr><td colspan="6">检验结论：</td></tr>
<tr><td rowspan="2">签字栏</td><td colspan="2">监理单位</td><td>施工单位</td><td colspan="2">供应单位</td></tr>
<tr><td colspan="2"></td><td></td><td colspan="2"></td></tr>
<tr><td colspan="2">制表日期</td><td colspan="4" style="text-align:center">年　月　日</td></tr>
</table>

本表由施工单位填写，一式三份，监理单位、建设单位、施工单位各一份。

［填表说明］

1.《设备开箱检验记录》是设备进场的验收类文件，是允许进场使用的证明文件。本表由专业监理工程师签字批准后代替设备进场报验表。

2. 设备开箱检验应由建设单位、项目监理机构、施工单位、供应单位共同参加验收。

3. 填写要求：

1）应准确填写设备名称、规格型号、生产厂家、产品合格证编号、进场总数量、检验数量。

2）包装情况：可填写"包装完整良好，无损坏，标识明确。"

3）随机文件：应列明随机文件清单，包括质量证明文件、厂家资质、技术文件、使用说明书等。

4）备件和附件：应列明备件和附件清单

5）外观情况：可填写"外观良好，无损坏锈蚀现象，标识标牌清晰无误"等。

6）测试情况：应写清测试方法、测试设备、测试结论。

7）进场日期：应以材料、构配件进入现场（进料单）的日期为准。

8）检查日期：为共同开箱检查的日期。

9）制表日期：应为设备开箱日期和向项目监理机构申报的日期之间。

10）缺、损附备件明细：如果有缺损件应详细记录。

11）检查结论：可填写"经检查包装、随机文件齐全，外观及测试状况良好，符合设计及规范要求，允许进场安装"。

4. 附件包括，但不限于：

1）质量证明文件；

2）进场外观、性能检测记录；

3）施工进场试验记录；

4）随机技术文件。

5. 签字、盖章要求：

1）施工单位签字人为施工单位设备验收负责人，可以是专业技术负责人，也可以是专业质检员，具体由施工单位确定。

2）项目监理机构应由专业监理工程师签字。

6. 本表可以增加建设单位签字栏。

B.2.15 单位工程竣工验收报审表的格式和编号宜采用现行北京市地方标准《建筑工程资料管理规程》DB11/T 695 表 C8-5。

单位工程竣工验收报审表 表 C8-5	资料编号	

致：_____ （项目监理机构）

　　我方已按建设工程施工合同要求完成_____工程，经自检合格，现将有关资料报上，请予以验收。

　　附件：1. 工程质量验收报告

　　　　　2. 工程功能检验资料

施工单位（盖章）

施工单位项目负责人（签字、加盖执业印章）：

年　月　日

预验收意见：

　　经预验收，该工程合格/不合格，可以/不可以组织正式验收。

项目监理机构（盖章）

总监理工程师（签字、加盖执业印章）：

年　月　日

本表由施工单位填写。

［填表说明］

1. 《单位工程竣工验收报审表》用于单位工程竣工预验收报审，是工程竣工验收资料。

2. 申报部分：

1）本表填写的完成的工程可以是单位工程，也可以是子单位工程。

2）"附件"中的《工程质量验收报告》是施工单位项目经理部对本工程施工过程质量状况的综述，内容应包括单位工程质量控制资料核查、安全与功能情况、外观检查等情况，并得出工程质量状况是否可以满足验收条件的自检结论。

3）工程功能检验资料即《建筑工程施工质量验收统一标准》GB 50300—2013 附录 H 中表 H.0.1-3《单位工程安全和功能检验资料核查及主要功能抽查记录》，载明了工程设计安全、功能项目的所有检验记录的列表。

3. 审批部分：由项目监理机构的总监理工程师签署"预验收意见"："经预验收，该工程合格/不合格，可以/不可以组织正式验收"。不同意的情况应说明否决原因，申报表及所附资料应留存于项目监理机构作为过程资料。

4. 签字、盖章要求：

1）施工单位应加盖施工单位公章，由项目经理签字，并加盖执业印章，注明申报日期。

2）项目监理机构加盖项目监理机构章，总监理工程师签字确认，并加盖执业印章，注明预验收日期。

B. 2. 16　分部工程质量验收报验表的格式和编号宜采用现行北京市地方标准《建筑工程资料管理规程》DB11/T 695 表 C7-8。

分部工程质量验收报验表 表 C7-8	资料编号	
致：_____（项目监理机构） 　　我方已完成_____分部工程，经自检合格，现将有关资料报上，请予以验收。 附件： 　　1　所含_____个分项工程质量均验收合格 　　2　质量控制资料 　　3　有关安全、节能、环境保护和主要使用功能的抽样检验结果的资料 　　4　观感质量检查记录 　　　　　　　　　　　　　　施工项目经理部（盖章） 　　　　　　　　　　　　　　项目技术负责人（签字）： 　　　　　　　　　　　　　　施工单位项目负责人（签字、加盖执业印章）： 　　　　　　　　　　　　　　　　　　　　年　月　日		
验收意见： 　　　　　　　　　　　　　　专业监理工程师（签字）： 　　　　　　　　　　　　　　　　　　　　年　月　日		
验收意见： 　　经验收，该分部工程□合格/□不合格 附件：分部工程质量验收记录 　　　　　　　　　　　　　　项目监理机构（盖章） 　　　　　　　　　　　　　　总监理工程师（签字、加盖执业印章）： 　　　　　　　　　　　　　　　　　　　　年　月　日		

本表由施工单位填写，一式三份，监理单位、建设单位、施工单位各一份。

［填表说明］

1.《分部工程质量验收报验表》用于施工单位分部工程和子分部工程完成自检后，向项目监理机构报验的文件。

2. 分部工程名称和子分部名称按照《建筑工程施工质量验收统一标准》GB 50300—2013 的规定填写。规范未列明的，按照经项目监理机构审批的分部分项划分方案中的名称填写

3. 分部工程验收是基于分项工程验收结论基础上的总结归纳。附件中的分项数量，当为子分部工程报验时填写组成子分部的分项工程数量，当为分部工程报验时，填写所有子分部包含的分项工程数量之和。

4. 分部工程验收时，涉及"质量控制资料"、"安全和功能检验结果"和"观感质量检验结果"，可采用《建筑工程资料管理规程》DB11/T 695—2017 中表 C8-2 \ C8-3 \ C8-4 中相应分部的内容填写，并作为附件。

5. 施工单位应将《分部工程质量验收记录》作为附件报项目监理机构。

6. 项目监理机构接到施工单位的《分部工程质量验收报验表》后，总监理工程师组织专业监理工程师对分项工程验收情况、质量控制资料、安全和功能检验情况、工程实体观感质量情况进行初审，专业监理工程师应在对相应分部工程所含分项工程的验收情况及验收记录的核查基础上，结合质量控制资料收集整理是否齐全的情况，参照有关安全、节能、环境保护和主要使用功能的抽样检验结果，做出"合格/不合格"的判定，供总监理工程师最终签署验收意见时的参考。

7. 总监理工程师根据专业监理工程师的验收意见，独立作出"合格/不合格"的判断，采用"√"的方式出具验收意见。

8. 签字、盖章要求：

1）施工单位由项目技术负责人、项目经理签字，并加盖项目经理部章和项目经理执业印章。

2）专业监理工程师的"验收意见"栏由专业监理工程师签字确认。

3）总监理工程师的"验收意见"栏应加盖项目监理机构章，并由总监理工程师签字确认，加盖执业印章。

9. 签字均应注明日期。

B.3　监理记录用表

B.3.1　旁站记录用表的格式和编号宜采用现行北京市地方标准《建筑工程资料管理规程》DB11/T 695 表 B-7。

旁站记录 表 B-7		资料编号	
工程名称			
旁站的部位和工序		施工单位	
旁站开始时间	年　月　日　时　分	旁站结束时间	年　月　日　时　分
旁站部位和工序施工情况：			
发现的问题及处理情况： 旁站监理人员（签字）： 年　月　日			

本表由监理单位填写并保存。

［填表说明］

1. 工程名称：应与建设工程施工许可证的工程名称一致，精确到子单位工程。

2. 记录编号：旁站记录的编号应按单位工程分别设置，按时间自然形成的先后顺序从 001 开始，连续标注。

3. 旁站的关键部位、关键工序：填写内容包括所旁站的楼层、施工流水段、分项工程名称。

4. 旁站开始时间：应填写旁站开始的年、月、日、时、分。

5. 旁站结束时间：应填写旁站结束的年、月、日、时、分。

6. 旁站的关键部位、关键工序施工情况：

1）施工单位质量员、施工员等管理人员到岗情况，特殊工种人员持证上岗情况。操作人员的各工种数量。

2）施工中使用原材料的规格、数量或预拌混凝土强度等级、数量、厂家名称及供应时间间隔等情况，现场取样情况。

3）施工机械设备的名称、型号、数量及完好情况。

4）施工设施的准备及使用情况。

5）施工采用什么方法，是否执行了施工方案以及是否符合工程建设强制性标准情况。

6. 施工当日的气象情况和外部环境情况，对施工有无影响。

7. 发现的问题及处理情况：施工中如果出现了异常情况，旁站监理人员应及时参与处理，问题严重时应及时向总监理工程师报告。问题及处理情况应详细记录，包括问题的描述，问题处理中采取了什么措施等。如旁站中未出现问题在此栏中应做"/"标记。

8. 签字要求：

1）遵循"谁旁站、谁记录、谁签字"的原则。

2）旁站记录可采用电子版文档，打印后，记录人签字。

B.3.2　混凝土强度回弹平行检验记录的格式和编号宜采用现行北京市地方标准《建筑工程资料管理规程》DB11/T695 表 B-8。

混凝土强度回弹平行检验记录

表 B-8

工程名称			施工单位			资料编号					
回弹部位/构件名称											
强度等级		浇筑日期	年　月　日	龄期（d）		养护方法					
检测依据	□DB11/T—　□JGJ/T23—　□JGJ/T294—										

测区	1	2	3	4	5	6	7	8	9	10	11	12	13	14	15	16	Rm
回弹值 1																	
2																	
3																	
4																	
5																	
6																	
7																	
8																	
9																	
10																	

测试面	□侧面　□表面　□底面	测试角度	□水平　□向上　□向下
回弹仪型号		检定证书号	
平均回弹值		对应强度值（MPa）	

回弹人员：　　　　　年　月　日　　　　　专业监理工程师：　　　　　年　月　日

本表由监理单位填写并保存。

167

［填表说明］

1. 本表用于项目监理机构采用回弹方式对混凝土构件强度进行平行检验的记录。

2. 填写部分要求：

1）工程名称：应与建设工程施工许可证的工程名称一致，精确到子单位工程。

2）记录编号：平行检验记录的编号应按子单位工程分别设置，按时间自然形成的先后顺序从 001 开始，连续标注。

3）回弹部位/构件名称：填写内容包括所检验的楼层、所在轴线网的部位或构件名称。

4）应对检测部位或构件的混凝土的情况进行描述，包括强度等级、龄期、浇筑日期、养护方法。

5）可根据工程情况"√"选检测依据、测试面、测试角度。

6）对回弹值应如实记录实测值。

7）对于回弹仪器应记录生产厂家、型号、校验证书编号（根据国家技术监督局的要求，回弹仪不属于强制检定范围，可由具备资质的单位进行校验）。

8）对于回弹实测值可以进行碳化深度修订后再取平均值，也可以根据实际情况直接用实测值平均值，并核算强度值。

3. 签字要求：

1）回弹人员是经培训的监理人员，可以是监理员，也可以是专业监理工程师。

2）专业监理工程师检查和分析数据后签字。

B.3.3 钢筋螺纹接头平行检验记录的格式和编号宜采用现行北京市地方标准《建筑工程资料管理规程》DB11/T 695 表 B-9。

<table>
<tr><td colspan="9" align="center">钢筋螺纹接头平行检验记录
表 B-9</td><td colspan="2">资料编号</td></tr>
<tr><td colspan="2">工程名称</td><td colspan="9"></td></tr>
<tr><td colspan="2">施工单位</td><td colspan="4"></td><td colspan="2">监理单位</td><td colspan="3"></td></tr>
<tr><td colspan="2">检查部位</td><td colspan="4"></td><td colspan="2">接头检验批容量</td><td colspan="3"></td></tr>
<tr><td rowspan="2">点位</td><td rowspan="2">钢筋直径</td><td rowspan="2">规定力矩值</td><td rowspan="2">拧紧力矩值
检验结果</td><td colspan="2">单侧外露螺纹丝扣值</td><td colspan="2" rowspan="2">结论</td><td rowspan="2">备注</td></tr>
<tr><td>左（上）</td><td>右（下）</td></tr>
<tr><td></td><td></td><td></td><td>□符合□不符合</td><td></td><td></td><td colspan="2">□合格□不合格</td><td></td></tr>
<tr><td></td><td></td><td></td><td>□符合□不符合</td><td></td><td></td><td colspan="2">□合格□不合格</td><td></td></tr>
<tr><td></td><td></td><td></td><td>□符合□不符合</td><td></td><td></td><td colspan="2">□合格□不合格</td><td></td></tr>
<tr><td></td><td></td><td></td><td>□符合□不符合</td><td></td><td></td><td colspan="2">□合格□不合格</td><td></td></tr>
<tr><td></td><td></td><td></td><td>□符合□不符合</td><td></td><td></td><td colspan="2">□合格□不合格</td><td></td></tr>
<tr><td></td><td></td><td></td><td>□符合□不符合</td><td></td><td></td><td colspan="2">□合格□不合格</td><td></td></tr>
<tr><td></td><td></td><td></td><td>□符合□不符合</td><td></td><td></td><td colspan="2">□合格□不合格</td><td></td></tr>
<tr><td></td><td></td><td></td><td>□符合□不符合</td><td></td><td></td><td colspan="2">□合格□不合格</td><td></td></tr>
<tr><td></td><td></td><td></td><td>□符合□不符合</td><td></td><td></td><td colspan="2">□合格□不合格</td><td></td></tr>
<tr><td></td><td></td><td></td><td>□符合□不符合</td><td></td><td></td><td colspan="2">□合格□不合格</td><td></td></tr>
<tr><td></td><td></td><td></td><td>□符合□不符合</td><td></td><td></td><td colspan="2">□合格□不合格</td><td></td></tr>
<tr><td></td><td></td><td></td><td>□符合□不符合</td><td></td><td></td><td colspan="2">□合格□不合格</td><td></td></tr>
<tr><td></td><td></td><td></td><td>□符合□不符合</td><td></td><td></td><td colspan="2">□合格□不合格</td><td></td></tr>
<tr><td></td><td></td><td></td><td>□符合□不符合</td><td></td><td></td><td colspan="2">□合格□不合格</td><td></td></tr>
<tr><td></td><td></td><td></td><td>□符合□不符合</td><td></td><td></td><td colspan="2">□合格□不合格</td><td></td></tr>
<tr><td></td><td></td><td></td><td>□符合□不符合</td><td></td><td></td><td colspan="2">□合格□不合格</td><td></td></tr>
<tr><td></td><td></td><td></td><td>□符合□不符合</td><td></td><td></td><td colspan="2">□合格□不合格</td><td></td></tr>
<tr><td></td><td></td><td></td><td>□符合□不符合</td><td></td><td></td><td colspan="2">□合格□不合格</td><td></td></tr>
<tr><td></td><td></td><td></td><td>□符合□不符合</td><td></td><td></td><td colspan="2">□合格□不合格</td><td></td></tr>
<tr><td></td><td></td><td></td><td>□符合□不符合</td><td></td><td></td><td colspan="2">□合格□不合格</td><td></td></tr>
<tr><td colspan="2">专业监理工程师</td><td colspan="9"></td></tr>
<tr><td colspan="2">检验日期</td><td colspan="9" align="center">年 月 日</td></tr>
</table>

本表由监理单位填写并保存。

[填表说明]

1.《钢筋螺纹接头平行检验记录》用于项目监理机构对钢筋螺纹接头进行平行检验的记录。

2. 填写部分要求：

1）工程名称：应与建设工程施工许可证的工程名称一致，精确到子单位工程。

2）记录编号：平行检验记录的编号应按子单位工程分别设置，按时间自然形成的先后顺序从 001 开始，连续标注。

3）检查部位：应包括所检验的楼层、所在轴线网的部位或构件。

4）接头检验批容量：应按审批的检验批划分及具体容量填写。

5）检测的钢筋接头应编号确定点位。

6）规定力矩值：采用数显力矩扳手，应记录力矩值。采用一般力矩扳手可事先设定力矩值，并填写。

7）拧紧力矩值检验结果采用在"□"中"√"勾选的方式填写。

8）单侧外露螺纹丝扣值，采用观察的方式，计入露出丝扣数量。

9）结论采用在"□"中"√"勾选的方式填写。

3. 建议钢筋螺纹接头平行检验时结合抽取 5% 的验收规定的数量进行。

4. 本表由专业监理工程师签字，并注明检验日期。

B.3.4 钢筋焊接接头平行检验记录的格式和编号宜采用现行北京市地方标准《建筑工程资料管理规程》DB11/T 695 表 B-10。

钢筋焊接接头平行检验记录 表 B-10							资料编号	
工程名称								
施工单位								
检查部位								
电弧焊		钢筋直径 （mm）	焊缝宽度/长度		焊缝余高		焊缝外观质量	平行检验结果
			规定值	实测值	规定值	实测值		
	1							□符合□不符合
	2							□符合□不符合
	3							□符合□不符合
	4							□符合□不符合
	5							□符合□不符合
电渣压力焊		钢筋直径 （mm）	焊包高度规定值		焊包高度实测值		焊缝外观质量	平行检验结果
	1							□符合□不符合
	2							□符合□不符合
	3							□符合□不符合
	4							□符合□不符合
	5							□符合□不符合
闪光对焊		钢筋直径 （mm）	接头处弯折角度				焊缝外观质量	平行检验结果
			规定值		实测值			
	1							□符合□不符合
	2							□符合□不符合
	3							□符合□不符合
	4							□符合□不符合
	5							□符合□不符合
专业监理工程师								
检查日期		年　　月　　日						

本表由监理单位填写并保存。

［填表说明］

1. 《钢筋焊接接头平行检验记录》用于项目监理机构对钢筋焊接接头进行平行检验的记录。

2. 填写部分要求：

1）工程名称：应与建设工程施工许可证的工程名称一致，精确到子单位工程。

2）记录编号：平行检验记录的编号应按子单位工程分别设置，按时间自然形成的先后顺序从001开始，连续标注。

3）检查部位：应包括所检验的楼层、所在轴线网的部位或构件。

4）表中的规定值应以设计和规范要求填写。

5）表中的焊缝外观质量要根据观察情况进行描述。

6）平行检验结果采用在"□"中"√"勾选的方式填写。

3. 本表由专业监理工程师签字，并注明检验日期。

B.3.5 承重砌体砂浆饱满度平行检验记录的格式和编号宜采用现行北京市地方标准《建筑工程资料管理规程》DB11/T 695 表 B-11。

<table>
<tr><td colspan="2" rowspan="2">承重砌体砂浆饱满度平行检验记录
表 B-11</td><td>资料编号</td><td></td></tr>
<tr><td colspan="2"></td></tr>
<tr><td>工程名称</td><td colspan="7"></td></tr>
<tr><td>施工单位</td><td colspan="7"></td></tr>
<tr><td>检查部位</td><td colspan="7"></td></tr>
<tr><td rowspan="2">砌体种类</td><td rowspan="2">规定值</td><td rowspan="2">检查位置</td><td colspan="3">实测值</td><td rowspan="2">平均值</td><td rowspan="2">平行检验结果</td><td rowspan="2">备注</td></tr>
<tr><td>1</td><td>2</td><td>3</td></tr>
<tr><td rowspan="3">□ 烧结多孔砖
□ 烧结空心砖
□ 混凝土多孔砖
□ 混凝土实心砖
□ 蒸压灰砂砖
□ 蒸压粉煤灰砖
□</td><td rowspan="3">墙≥80%

柱≥90%</td><td>第一处
层 轴</td><td></td><td></td><td></td><td></td><td>□ 符合
□ 不符合</td><td></td></tr>
<tr><td>第二处
层 轴</td><td></td><td></td><td></td><td></td><td>□ 符合
□ 不符合</td><td></td></tr>
<tr><td>第三处
层 轴</td><td></td><td></td><td></td><td></td><td>□ 符合
□ 不符合</td><td></td></tr>
<tr><td rowspan="3">□ 混凝土小型
空心砌块
□</td><td rowspan="3">水平缝≥90%

竖向缝≥90%</td><td>第一处
层 轴</td><td></td><td></td><td></td><td></td><td>□ 符合
□ 不符合</td><td></td></tr>
<tr><td>第二处
层 轴</td><td></td><td></td><td></td><td></td><td>□ 符合
□ 不符合</td><td></td></tr>
<tr><td>第三处
层 轴</td><td></td><td></td><td></td><td></td><td>□ 符合
□ 不符合</td><td></td></tr>
<tr><td>专业监理工程师</td><td colspan="7"></td></tr>
<tr><td>检查日期</td><td colspan="7">年 月 日</td></tr>
</table>

本表由监理单位填写并保存。

[填表说明]

1.《承重砌体砂浆饱满度平行检验记录》用于项目监理机构对承重砌体砂浆饱满度进行平行检验的记录。

2. 填写部分要求：

1）工程名称：应与建设工程施工许可证的工程名称一致，精确到子单位工程。

2）记录编号：平行检验记录的编号应按子单位工程分别设置，按时间自然形成的先后顺序从 001 开始，连续标注。

3）检查部位：应包括所检验的楼层、所在轴线网的部位或构件。

4）砌体种类采用在"□"中"√"勾选的方式填写。

5）检查位置：应明确填写楼层和轴线网。

6）平行检验结果采用在"□"中"√"勾选的方式填写。

3. 本表由专业监理工程师签字，并注明检验日期。

B.3.6　材料见证记录用表的格式和编号宜采用现行北京市地方标准《建筑工程资料管理规程》DB11/T 695 表 B-14。

<table>
<tr><td colspan="2" rowspan="2" style="text-align:center">材料见证记录
表 B-14</td><td style="text-align:center">资料编号</td><td></td></tr>
<tr><td></td><td></td></tr>
<tr><td>工程名称</td><td colspan="4"></td></tr>
<tr><td>试件名称</td><td></td><td>生产厂家</td><td></td></tr>
<tr><td>试件品种</td><td></td><td>材料出厂编号</td><td></td></tr>
<tr><td>试件规格型号</td><td></td><td>材料进场时间</td><td>年　月　日</td></tr>
<tr><td>材料进场数量</td><td></td><td>代表数量</td><td></td></tr>
<tr><td>试样编号</td><td></td><td>取样组数</td><td></td></tr>
<tr><td>抽样时间</td><td>年　月　日</td><td>取样地点</td><td></td></tr>
<tr><td>使用部位
（取样部位）</td><td colspan="3"></td></tr>
<tr><td>检测项目
（设计要求）</td><td colspan="3"></td></tr>
<tr><td>见证记录</td><td colspan="3"></td></tr>
<tr><td rowspan="3">检测结果判定依据</td><td>产品标准</td><td colspan="2"></td></tr>
<tr><td>验收规范</td><td colspan="2"></td></tr>
<tr><td>设计要求</td><td colspan="2"></td></tr>
<tr><td rowspan="2">抽样人</td><td>签字</td><td rowspan="2">见证人</td><td>签字</td></tr>
<tr><td>日期　年　月　日</td><td>日期　年　月　日</td></tr>
<tr><td>有见证送检章</td><td colspan="3"></td></tr>
<tr><td rowspan="2">送检情况</td><td>检测单位</td><td colspan="2"></td></tr>
<tr><td>送检时间</td><td colspan="2">年　月　日</td></tr>
</table>

本表由监理单位填写，一式三份，监理单位、建设单位、施工单位各一份。

［填表说明］

1. 工程名称：应与建设工程施工许可证的工程名称一致，精确到子单位工程。

2. 记录编号：编号应按单位工程设置，按时间自然形成的先后顺序从001开始，连续标注，应连续不能缺号。

3. 试件名称按照材料种类填写，如钢筋、防水材料等。

4. 试件品种应根据设计要求填写品种，应为全称。

5. 材料出厂编号应根据产品合格证或出厂检验报告填写。

6. 试件规格型号按照出厂合格证书标明的或设计文件要求填写。

7. 材料进场时间应与《材料、构配件进场检验记录》一致。

8. 材料进场数量应与《材料、构配件进场检验记录》一致。

9. 代表数量：进场数量大于规范要求的代表数量，填写规范要求数量，当进场数量小于规范要求，应填写材料进场数量。

10. 取样组数根据材料进场数量和规范要求的代表数量确定，材料进场数量大于代表数量，应按照整数倍取整，不足代表数量的也应为1组，可以填写多组。

11. 试样编号由施工单位编制确定，数字编号应顺序编号不许缺号。可以根据取样组数填写试验编号个数。

12. 取样地点应如实填写，应为施工现场。

13. 使用部位（取样部位）应具体填写到楼层、所在轴线网的使用部位或取样部位。

14. 检测项目（设计要求）应按照规范标准检测项目为准，如设计有其他要求应按设计要求增加检测项目。规范标准宜以新版为准。

15. 见证记录应简单记录见证情况。

16. 检测结果判定依据：

1）产品标准应填写合同、设计要求使用的产品标准，可以是国标、行标、企业标准甚至国际标准。

2）验收规范应填写合同、设计要求使用的验收规范，可以是国标、行标、地标甚至国际标准。

3）设计要求应按照设计文件的要求准确填写，不能为空。

17. 送检情况应填写委托检测单位的全称和送检时间。

18. 签字、盖章要求：

1）抽检人签字应由施工单位试验员签署，并注明抽样日期。

2）见证人签字应由《见证人告知书》确定的备案见证人员签署，并注明见证日期。

3）项目监理机构加盖见证送检章。

19. 见证过程应留有影像资料，包括见证取样过程、取样部位或地点、试件情况等。

B. 3. 7　实体检验见证记录用表的的格式和编号宜采用现行北京市地方标准《建筑工程资料管理规程》DB11/T 695 表 B-15。

实体检验见证记录 表 B-15		资料编号	
工程名称			
施工单位			
检验单位			
监理单位			
实体检验项目		依据标准	
实体检验方法			
检验部位		检验时间	年　月　日
实体检验过程 见证记录			
施工单位检验人员	签字	检测单位 检验人员	签字
	日期　年　月　日		日期　年　月　日
见证人		有见证送 检章	

本表由监理单位填写，一式三份，监理单位、建设单位、施工单位各一份。

[填表说明]

1. 工程名称：应与建设工程施工许可证的工程名称一致，精确到子单位工程。

2. 记录编号：编号应按单位工程设置，按时间自然形成的先后顺序从001开始，连续标注，应连续不能缺号。

3. 检验单位：根据不同实体检测项目，可以填写委托的检测单位，也可填写施工单位。

4. 实体检验项目应按照规范标准检测项目为准填写，可以是一个，也可以是多个。

5. 依据标准是指实体检测项目的依据标准，应以合同和设计要求使用的为准。

6. 实体检验方法应填写经项目监理机构批准的实体检验方案中约定的检验方法。

7. 检验部位应具体填写到楼层、所在轴线网或构件。

8. 实体检验过程见证记录应填写见证情况，包括设计要求、使用材料、检测仪器、样本数量（总数）、抽样数量、试验过程简述等。

9. 签字、盖章要求：

1）施工单位检测人员签字应由施工单位质检员或检测人员签署，并注明检验日期。当为第三方检测单位时，施工单位签字人员为质检员。

2）如委托第三方检测单位，检测单位检验人员负责人签字，并注明检验日期，未委托需要填写"\"。

3）见证人签字应由《见证人告知书》确定的备案见证人员签署，并注明见证日期。

4）项目监理机构加盖见证送检章。

10. 见证过程应留有影像资料。

附录 C 监理文件资料组卷规则

（资料性附录）

C.0.1 监理文件资料管理通用目录用表宜采用本规程表 C.0.1 的格式填写。

表 C.0.1 监理文件资料管理通用目录

<table>
<tr><td colspan="6" style="text-align:center">监理文件资料管理通用目录</td></tr>
<tr><td colspan="2">工程名称</td><td></td><td>资料类别</td><td colspan="2"></td></tr>
<tr><td>序号</td><td></td><td>内容摘要</td><td>编制单位</td><td>日期</td><td>资料编号</td><td>备注</td></tr>
<tr><td></td><td></td><td></td><td></td><td></td><td></td></tr>
<tr><td></td><td></td><td></td><td></td><td></td><td></td></tr>
<tr><td></td><td></td><td></td><td></td><td></td><td></td></tr>
<tr><td></td><td></td><td></td><td></td><td></td><td></td></tr>
<tr><td></td><td></td><td></td><td></td><td></td><td></td></tr>
<tr><td></td><td></td><td></td><td></td><td></td><td></td></tr>
<tr><td></td><td></td><td></td><td></td><td></td><td></td></tr>
<tr><td></td><td></td><td></td><td></td><td></td><td></td></tr>
<tr><td></td><td></td><td></td><td></td><td></td><td></td></tr>
<tr><td></td><td></td><td></td><td></td><td></td><td></td></tr>
<tr><td></td><td></td><td></td><td></td><td></td><td></td></tr>
<tr><td></td><td></td><td></td><td></td><td></td><td></td></tr>
<tr><td></td><td></td><td></td><td></td><td></td><td></td></tr>
<tr><td></td><td></td><td></td><td></td><td></td><td></td></tr>
</table>

［填表说明］

1. 序号：按卷内文件资料排列先后顺序用阿拉伯数字从 1 开始编写。

2. 工程名称：填写建设工程施工许可证上的工程名称。

3. 资料类别：可以按《建筑工程资料管理规程》DB11/T 695—2017 中的资料类别：基建文件、监理资料、施工资料及竣工图，也可以按其他标准规定的分类方法。

4. 内容摘要：填写文字材料或图纸名称。

5. 编制单位：文件资料的形成单位或主要责任单位名称。

6. 编制日期：文件资料形成的起止时间；竣工图卷为竣工图章日期。

7. 资料编号：文件文号或资料编号或图纸图号。

8. 备注：填写其他需要说明的问题。

C.0.2 监理文件资料归档保存表用表宜采用本规程表 C.0.2 的格式填写。

表 C.0.2 监理文件资料归档保存表

<table>
<tr><td colspan="6" align="center">监理文件资料归档保存表</td></tr>
<tr><td align="center">工程名称</td><td colspan="5"></td></tr>
<tr><td align="center">序号</td><td align="center">内容</td><td align="center">编制单位</td><td align="center">日期</td><td align="center">页次</td><td align="center">备注</td></tr>
<tr><td></td><td></td><td></td><td></td><td></td><td></td></tr>
<tr><td></td><td></td><td></td><td></td><td></td><td></td></tr>
<tr><td></td><td></td><td></td><td></td><td></td><td></td></tr>
<tr><td></td><td></td><td></td><td></td><td></td><td></td></tr>
<tr><td></td><td></td><td></td><td></td><td></td><td></td></tr>
<tr><td></td><td></td><td></td><td></td><td></td><td></td></tr>
<tr><td></td><td></td><td></td><td></td><td></td><td></td></tr>
<tr><td></td><td></td><td></td><td></td><td></td><td></td></tr>
<tr><td></td><td></td><td></td><td></td><td></td><td></td></tr>
<tr><td></td><td></td><td></td><td></td><td></td><td></td></tr>
<tr><td></td><td></td><td></td><td></td><td></td><td></td></tr>
<tr><td></td><td></td><td></td><td></td><td></td><td></td></tr>
<tr><td></td><td></td><td></td><td></td><td></td><td></td></tr>
<tr><td></td><td></td><td></td><td></td><td></td><td></td></tr>
<tr><td></td><td></td><td></td><td></td><td></td><td></td></tr>
<tr><td></td><td></td><td></td><td></td><td></td><td></td></tr>
<tr><td></td><td></td><td></td><td></td><td></td><td></td></tr>
<tr><td></td><td></td><td></td><td></td><td></td><td></td></tr>
</table>

［填表说明］

1. 工程名称：填写建设工程施工许可证上的工程名称。

2. 序号：按卷内文件资料排列先后顺序，用阿拉伯数字从 1 开始编写。

3. 内容：填写文字材料或图纸名称。

4. 编制单位：文件资料的形成单位或主要责任单位名称。

5. 日期：文件资料形成的起止时间；竣工图卷为竣工图章日期。

6. 页次：填写资料的页次或起止页次，均按有书写内容的页面编号，每卷单独编号，页号从阿拉伯数字"1"开始依次编写。

7. 备注：填写其他需要说明的问题。

C.0.3 工程监理档案封面宜采用如下格式填写。

工 程 监 理 档 案

工 程 名 称：
案 卷 题 名：
编 制 人：
总监理工程师：
编 制 日 期：
保 存 期 限：

档案号：_____　密　级：
微缩号：_____　第____册/共____册

××××××××监理公司
××××××××项目监理机构

［填表说明］

此表用于项目监理机构向监理单位移交档案资料。

1. 工程名称：填写建设工程施工许可证上的工程名称。

2. 案卷题名：填写本案卷内题名，填写案卷所属专业名称，如建筑与结构工程施工文件（资料）、幕墙工程施工文件（资料）、建筑电气工程施工文件（资料）等。

3. 编制人：填写编制的监理人员名字。

4. 总监理工程师：填写项目总监理工程师名字。

5. 编制日期：填写本案卷内文件形成的最早和最晚日期。

6. 保存期限：由监理单位档案管理部门填写。

7. 档案号：由监理单位档案管理部门填写。

8. 密级：由监理单位档案管理部门填写。

9. 缩微号：由监理单位档案管理部门填写。

10. 第　　册/共　　册：由监理单位档案管理部门填写。

11. ××××监理公司：填写监理单位全称。

12. ××××项目监理机构：填写工程的项目监理机构名称。

C.0.4 工程监理档案移交目录宜采用如下格式填写。

工程监理档案移交目录

第 页

序号	案卷题名（内容）	文字材料		图纸材料		其他		备注
		册	张	册	张	编制日期	页次	

移交人：　　　移交时间：　　　　接收人：　　　　接收时间：

[填表说明]

1. 工程名称：填写建设工程施工许可证上的工程名称。

2. 序号：按案卷文件资料排列先后顺序，用阿拉伯数字从 1 开始编写。

3. 案卷题名：填写本案卷内题名，填写案卷所属专业名称，如建筑与结构工程施工文件（资料）、幕墙工程施工文件（资料）、建筑电气工程施工文件（资料）等。

4. 编制日期：填写本案卷内文件的形成的最早和最晚日期。

5. 备注：填写其他需要说明的问题。

6. 移交人：填写办理工程监理档案移交的项目监理人员名字。

7. 移交日期：填写移交工程监理档案的具体日期。

8. 接收人：填写接收工程监理档案的监理单位负责人员名字。

9. 接受日期：填写接收工程监理档案的具体日期。

C. 0. 5 工程监理档案审核移交表宜采用如下格式填写。

工程监理档案审核移交表

本档案共_____册，已编号文件材料共_____张。

其中：文字材料_____张，图纸材料_____张，照片_____张。

立卷单位（项目监理机构）对本档案完整准确情况的审核说明：

立卷人： 年 月 日

审核人： 年 月 日

接收单位（公司档案室）的审核说明：

技术负责人： 年 月 日

档案接收人： 年 月 日

［填表说明］

1. 案卷审核备考表分为上下两栏，上一栏由立卷单位填写，下一栏由接收单位填写。

2. 审核说明填写立卷时资料的完整和质量情况，可填写本卷齐全、完整、准确或其他需要说明的内容，以及应归档而缺少的资料的名称和原因。

3. 立卷人由责任立卷人签名；审核人由案卷审查人签名；年月日按立卷、审核时间分别填写。

附录 D 监理工作常用工具和仪器设备

（资料性附录）

D.0.1 ［条文］工程监理单位和项目监理机构配置的经校准的工具和仪器设备，应符合建设工程监理合同的约定。

［条文解析］经检定或校准的工具和仪器设备是现场质量检验的必要条件，监理单位和项目监理机构应根据建设工程监理合同的约定进行配置。

1. 检定：是指为评定计量器具的计量性能，确定其是否合格所进行的全部工作，包括检验和加封盖印等，仅适用于计量器具。

1) 对于列入《中华人民共和国强制检定的工作计量器具目录》的明细项目均由县级以上人民政府计量行政部门实行强制检定，未按照规定申请检定或者检定不合格的，不得使用。如钢卷尺、温度计、台秤、天平、电阻测试仪等。

2) 对强制性检定以外的其他计量标准器具和工作计量器具，使用单位应当自行定期检定或者送其他计量检定机构检定，县级以上人民政府计量行政部门应当进行监督检查。

2. 校准：在规定的条件下，为确定测量仪器或测量系统所指示的量值，或实物量具或参考物质所代表的量值，与对应的由测量标准所复现的量值之间关系的一组操作。校准不具有强制性，是企业自愿溯源的行为。

3. 现场配备使用的计量器具较少，如钢卷尺、温度计、台秤、天平、电阻测试仪等，属于应强制性检定范畴。现场配备使用的测量仪器、回弹仪、力矩扳手等大部分工具和仪器设备都不属于计量器具，均属于应校准的范畴。

D.0.2 ［条文］当建设工程监理合同未做出明确约定时，工程监理单位和项目监理机构应根据所监理工程项目的专业、规模等特点和监理工作的需要选择配备所需工具和仪器设备，并纳入监理规划。

［条文解析］必要的经校准的工具和仪器设备，是保障项目监理机构现场质量检验的先决条件，即使建设工程监理合同未做出明确约定，监理单位和项目监理机构也应主动根据监理工作需要进行配备，并在监理规划中予以明确。

D.0.3 ［条文］本附录所列工具和仪器设备，包括由工程监理单位统一配备和调配使用的工具和仪器设备。

［条文解析］本附录所列工具和仪器设备，既包括在项目监理机构配备的项目专用工具和仪器设备，也包括由工程监理单位统一配备和调配使用的工具和仪器设备。

对于在项目监理工作中高频使用的工具和仪器设备，应在项目监理机构配备，供项目专用。

对于在项目监理工作中低频使用的工具和仪器设备，可由监理单位统一配备，供项目监理机构根据需要申请调配使用。

D.0.4 ［条文］监理人员使用工具和仪器设备时，应遵守相应标准规范的要求。检验检测结果只为监理工作提供过程中判断的依据，不出具检验检测报告，不作为工程质量验收依据。

[条文解析] 检验是通过对产品特征的核查，确定其相对于特定要求的符合性，或在专业判断的基础上，确定相对于通用要求的符合性。检测是通过特定的方法对产品的特性进行测定。检测报告不一定要出具符合性判断，而检验报告一定要给出符合性判断。

工程质量验收的必要条件是对检验批、分项、分部、单位工程及其隐蔽工程的质量进行抽样检验，但检验应由施工单位自有试验室或第三方检测机构负责，且按照规定对见证取样的建筑材料、建筑构配件和设备、预拌混凝土、混凝土预制构件和工程实体质量、使用功能进行检测，应当由建设单位委托的具有相应资质的检测单位实施。

且根据建设部令第 141 号《建设工程质量检测管理办法》规定，检测机构未取得相应的资质证书，不得承担本办法规定的质量检测业务。所以，监理人员使用工具和仪器设备得出的检验检测结果，只能作为监理工作的判断依据，不能出具检验检测报告，不能作为工程质量验收依据。

D. 0. 5　[条文] 房屋建筑和市政基础设施工程的项目监理机构宜配备下列常用工具，并可根据监理工作需要增加其他工具：

1　盒尺

2　卷尺（钢卷尺、皮尺）

3　卡尺

4　钢板尺

5　水平尺

6　方尺

7　塞尺

8　靠尺（平整度尺）

9　多功能检测尺

10　对角线尺

11　百格网（多种类型）

12　小锤（平、尖）

13　放大镜

14　望远镜

15　试电笔

16　通（止）规

17　试模（混凝土、砂浆）

18　空心钻

19　吊线坠

20　台秤

21　计算器

22　焊缝检测仪

23　温度计

24　湿度计

D. 0. 6　[条文] 房屋建筑和市政基础设施工程的项目监理机构宜配备下列常用仪器设备，并可根据监理工作需要增加其他仪器设备：

1 经纬仪

2 水准仪

3 全站仪

4 激光测距仪

5 测厚仪

6 含水率测定仪

7 混凝土回弹仪（含率定钢砧）

8 高强混凝土回弹仪

9 砂浆回弹仪

10 碳化深度测量尺（含酚酞试剂）

11 保护层厚度测定仪（钢筋扫描仪）

12 声强仪（分贝仪）

13 坍落度仪

14 拉力计（弹簧秤）

15 拉拔仪

16 硬度计

17 图像设备

18 力矩扳手（扭矩仪）

19 压痕深度检测仪

20 裂缝测量仪

21 应力计

22 天平

23 电烘箱

24 环刀

25 灌砂筒（标准砂）

26 红外测温仪（测温枪）

27 相序仪

28 万用电表

29 电阻测试仪（摇表）

30 信息化设备

31 通讯设备